焊工入门

贾志辉 刘 森 主编

金盾出版社

内 容 提 要

本书根据目前技术人才的需求,结合国家职业技能鉴定考核的要点,为立志成为有一技之长的士官、复转军人以及社会青年提供真诚帮助而编写。主要内容包括:焊条电弧焊基础知识,焊条电弧焊操作基础,焊工国家职业技能鉴定达标训练,熔化极气体保护焊,气焊,其他常用焊接方法介绍。

书中内容集技能资格考证和实用操作技巧为一体,能帮助读者快速了解焊工的工作内容,为就业铺路。可供专业技能培训和读者自学用书。

图书在版编目(CIP)数据

焊工入门/贾志辉,刘森主编. —北京:金盾出版社,2018.10
ISBN 978-7-5186-1475-2

Ⅰ.①焊… Ⅱ.①贾… ②刘… Ⅲ.①焊接—基本知识 Ⅳ.①TG4

中国版本图书馆 CIP 数据核字(2018)第 187998 号

金盾出版社出版、总发行

北京太平路 5 号(地铁万寿路站往南)
邮政编码:100036 电话:68214039 83219215
传真:68276683 网址:www.jdcbs.cn
封面印刷:北京印刷一厂
正文印刷:北京万友印刷有限公司
装订:北京万友印刷有限公司
各地新华书店经销
开本:705×1000 1/16 印张:9.5 字数:189 千字
2018 年 10 月第 1 版第 1 次印刷
印数:1～4 000 册 定价:30.00 元

前　　言

　　国务院印发的《关于加快发展现代职业教育的决定》（以下简称《决定》），明确了今后一个时期加快发展现代职业教育的指导思想、基本原则、目标任务和政策措施。《决定》提出，要牢固确立职业教育在国家人才培养体系中的重要地位，以服务发展为宗旨，以促进就业为导向，适应技术进步和生产方式变革以及社会公共服务的需要，培养数以亿计的高素质劳动者和技术技能人才。

　　根据《决定》的精神，我们精心编写了《焊工入门》《钳工入门》《机加工入门》三本书。希望能够帮助那些立志成为拥有一技之长的技能型人才的朋友，特别是正在寻找就业机会的青年朋友。

　　国家经济建设的飞速发展使得各行各业都急需专业的技能型人才。我们特意从专业生产第一线组织了多名作者参与此套书的编写，他们当中有高级工程师、高级技师和高级讲师，其目的是用专家们的集体智慧将多年的生产经验精炼地表达在书中，以有效地帮助初学者抓住重点、系统学习、轻松掌握。

　　随着科学技术的不断进步，各种产品的生产、制造、加工技术也会随之改进。因此，对现代技术工人从业的标准，也提出了较高的要求。作者根据现代加工业的技术特点，分别就各种专业操作技术的应用场合、操作要点和技巧进行了全面的阐述，以帮助读者选择适宜自己的专业学习，减少择业的盲目性。

　　技能的学习提高需要具备专业设备、器材、工具和场地条件才能进行，这往往是初学者特别是自学者很难具备的。我们针对读者这方面的需求，在内容上加强了图文配合说明和操作细节讲解等措施，以帮助读者克服实践不足的困难。同时，在条件允许的情况下，可以尽快地进入实战状态。

　　目前，大多数工种上岗仍然必须具备"资格"，为了让读者能够通过学习顺利达到国家职业技能鉴定标准，我们还专门安排了章节指导"技能操作考核"练习。

　　鉴于作者认知水平所限，书中难免有不当之处，敬请读者批评指正。

作　者

目　　录

第一章　焊条电弧焊

第一节　焊条电弧焊基础知识

一、焊条电弧焊的原理和特点

(1)焊条电弧焊基本原理　焊条电弧焊俗称手工电弧焊(简称电焊),是历史悠久、应用极为广泛的焊接方法,也是焊接从业的入门技能。掌握焊条电弧焊的基本操作技能,已成为当前就业市场的热门选择。

焊条电弧焊是利用焊条和焊件之间产生的焊接电弧加热并熔化待焊处的母材和焊条金属形成熔池,经冷却形成焊缝将焊件焊接成整体的。图 1-1 所示为焊条电弧焊示意图。

(2)焊条电弧焊系统的组成　焊条电弧焊系统由电焊机、电缆、焊钳、焊条和金属焊件组成,如图 1-2 所示。

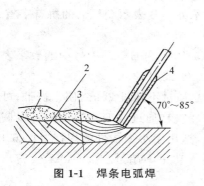

图 1-1　焊条电弧焊

1.熔渣　2.焊缝金属　3.焊件　4.焊条

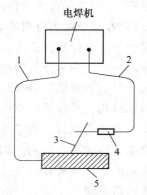

图 1-2　焊条电弧焊系统

1、2.电缆　3.焊条　4.焊钳　5.金属焊件

电缆 1、2 的一端连接到电焊机输出端两个接柱上,另一端则分别与搭铁挂钩和电焊钳相连。搭铁挂钩可以在方便的位置上与工件接触使工件成为一个电极;电焊钳夹持的焊条成为另一个电极。手持焊钳使焊条与工件接触,就形成焊接电流的回路,若此刻迅速提起焊条离工件表面 3~5mm 时,即会产生电弧。连续的电弧就是电焊所需的能源。

停止焊接时,应避免焊条触碰焊件,否则,会引燃形成电弧,火花四溅,危及安全。

(3)焊条电弧焊的特点

①焊条电弧焊设备简单,操作方便、易于维修、生产成本较低、应用广泛。

②焊条电弧焊采用手工操作,焊工可以控制电弧长度、焊条角度和焊接速度达到改善接头、控制焊接变形的目的,因此,对焊工的操作技术水平和经验要求较高。

③焊条电弧焊主要焊接对象为低碳钢和低合金钢件,采取某些特殊工艺措施也可以对其他金属材料(合金钢、非铁金属)进行焊接。焊件材料的厚度一般在2~50mm。

二、焊条电弧焊的设备和材料

焊条电弧焊的主要设备有电焊机、电缆、电焊钳、辅助设备和工具等;焊接材料则是焊条。

(1)电焊机

①电焊机的类型。电焊机是提供焊接电弧的能源装置,又称为弧焊机。电焊机实质上是一台交流变压器,可将220V或380V的交流电降至40~70V,用于产生焊接电弧,加热熔化焊件和焊条金属,达到焊接目的。

电焊机按其输出电流的性质分为交流电焊机和直流电焊机两大类。交流电焊机应用最广,是焊接普通碳钢件的首选焊机;直流焊机除可用于焊接碳钢外,主要用于合金钢、非铁金属等材料的焊接。

②常用交流电焊机。交流焊机用符号BX表示。B表示变压器的拼音字首;X表示变压器外特性为下降外特性。

交流焊机类型有BX1、BX2、BX3、BX4、BX5、BX6和BX7。型号中的数字表示不同的内部结构。最常用的交流焊机为BX6、BX1或BX2。

BX6型交流焊机是一种小型手提式焊机,总质量不超过20kg,便于携带,可在任意有交流电源的场合使用。BX6型为抽头式结构(通过改变初级抽头可以调节输出电流的大小),最大输出电流在180A以下,适用于小型构件的焊接。BX6-120型的最大输出电流为120A。BX6型焊机的输入功率不超过10kVA(千伏安),是一般从事金属结构焊接业者必备设备。

BX1、BX2型焊机为动铁心式变压器结构,通过手柄转动铁心,实现输出电流大小的调节。它们的输出电流最大值可达300A、500A,设备体积较大,适用于相对固定的场所使用。典型型号有BX1-300、BX1-500,最大输出电流为300A、500A,适用于焊接6~20mm厚板。BX1、BX2型的输入功率约为20kVA。

③典型电焊机型号识读实例。

类型(交、直流):

BX-交流焊机(弧焊变压器);

ZX-直流焊机(弧焊整流器)。

型号：

BX6-120 小型手提抽头式交流焊机，最大输出电流 120A；

BX1-300 中型动铁心式交流焊机，最大输出电流 300A。

(2)电缆

①电缆的作用。电缆是用来将焊机的两个输出端分别与焊钳和搭铁钩连接，以输送电流。焊接用电缆是多股细铜线绞结而成的，外表面套有橡胶套。橡胶套起绝缘作用，且又能保护电缆芯部免遭其他外物的破坏。

②规格。电缆的规格用它的横截面积表示，有 16mm²、25mm²、35mm²、50mm²、70mm²、95mm² 等，选用时，应根据电焊机输出额定电流的大小确定具体规格。如前述手提式焊机 BX6-120 则用横截面面积为 16mm² 的电缆；BX1-300 则应采用 50mm² 的电缆。所用电缆的长度可根据需要自定，一般长为 30m 左右。

③使用。施工现场的焊接设备应根据其适用条件正确连接，操作者使用前要认真检查电缆外橡胶套有无破损，连接接头是否牢靠，防止漏电现象发生。

(3)电焊钳 电焊钳在焊接中起着夹持焊条和导电的作用。小型电焊机的额定输出电流不超过 160A，一般配用 160A 型电焊钳，使用规格为 16～25mm² 的电缆连接；中型焊机的额定电流为 300A 时，宜配用 300A 型电焊钳，电缆规格为 35～50mm²。上述两种电焊钳焊接时温度均低于 40℃。

目前，市场上出现一种中国专利的不烫手焊钳。不烫手焊钳型号有 QY-91、QY-93、QY-95 三种。

(4)焊条

①焊条的结构。焊条由焊芯和药皮组成。药皮的主要功能是在焊接过程中起稳定电弧和造渣作用，以获得良好的焊缝。药皮均匀地涂敷在焊芯外表面，形成保护层。焊芯是专门用于制作焊条的钢材制成的。焊条的外形结构如图 1-1 所示。

②焊条的规格。用于碳素结构钢焊接的焊芯材料为 H08、H08A 等。焊芯直径通常为 1.6mm、2.0mm、2.5mm 等，焊接电流小时选用小直径焊芯，一般多选用 2.0mm 的焊条。

焊芯的长度有 200mm、300mm、400mm 等。常用结构钢用焊条焊芯规格见表 1-1。

表 1-1 常用结构钢用焊条焊芯规格 (mm)

焊芯直径	1.6	2.0	2.5	3.2	4.0
焊芯长度	200	250	250	350	350
	250	300	300	400	400

③焊条的种类。按药皮在焊接焊缝表面上的熔渣的化学属性不同，可将焊条分为酸性焊条和碱性焊条。一般结构钢件的焊接普遍采用酸性焊条，重要结构或

合金钢的焊接宜采用碱性焊条。

④焊条的型号。焊条型号用字母 E 加熔敷金属(焊缝)的强度作为标记,如代号 E43、E50,E 表示电焊条,43 表示焊芯材料熔敷成焊缝的最低抗拉强度≥430MPa,50 表示抗拉强度≥500MPa。

⑤焊条的选用与保管。实际施焊时所使用的焊条由工艺文件确定,最常用的焊条型号是 E4303、E4301 和 E5002、E5001。

长期待用的焊条应按保质要求保管,不能随意放置。焊条使用之前需经烘干除湿。

(5)辅助设备和工具

①焊条保温筒。在焊工施焊过程中,焊条保温筒起保存焊条和加热保温作用。

②气动清渣设备。利用气动喷砂机对焊件表面除锈、除漆,以提高焊缝质量。

③角向磨光机。电动或气动角向磨光机用于修磨焊道、清除焊接缺陷、清理焊根。

④工具。钢丝刷、錾子、手锤等用于清除焊渣。

三、焊接操作的安全措施

(1)焊接污染与防护

1)弧光辐射。焊条电弧焊的电弧温度高达 3000℃ 以上,产生强烈的弧光,包括强烈的可见光、紫外线和红外线。眼睛受到弧光照射时,有疼痛感,一时看不清东西,俗称"晃眼",会短时丧失劳动能力,需经较长时间的休整才能恢复视力,情况严重者需经治疗才能康复。

2)焊接烟尘。焊接过程中,随着焊接材料、焊件金属的熔融而产生众多金属、非金属及其化合物的微粒而形成焊接烟尘。长时间接触焊接烟尘会导致尘肺等职业病,严重地损害劳动者的健康,甚至丧失劳动能力。

3)有害气体。焊接过程中会产生多种有害气体,主要有臭氧、一氧化碳、二氧化碳和氟化氢等。长期过量吸入此类有害气体,将导致呼吸系统疾病。

4)焊接污染防护。

①弧光辐射的防护。弧光辐射的防护有主动防护和被动防护两种措施。主动防护措施是在每个焊接工位一定范围内设置挡板,限制弧光辐射,减少对人的伤害,即使在野外作业,防护挡板也是不可或缺的。焊工佩戴合格的防护目镜施焊,避免被弧光"晃眼"是主动防护的主要途径。在场的其他辅助人员,背对弧光,也可以防止弧光照射的伤害。

②烟尘与有害气体的防护。吸入焊接所产生的烟尘和气体,对人的呼吸系统会造成损害。长期处于该环境中工作,吸入过量的有害气体会导致尘肺病。尘肺病是一种不可逆的职业病特别要严加防范。按国家有关法律规定,在焊接厂房内应设置有效的通风装置,强制排除室内的烟尘,降低浓度,减少对环境的污染,属于

主动防护。焊工及在现场的辅助人员佩戴专门的口罩,阻断吸入有害气体属于被动防护的方式。

(2)焊工个人劳动防护　从事焊接操作时,无论你是熟练的焊工还是初学焊接的入门者,都要按安全生产的规定使用劳动保护用品,才能开始焊接的实际操作。

国家规定的焊工个人劳动防护用品见表 1-2。

表 1-2　焊工个人劳动防护用品

防护用品名称	保护部位	适用范围及用途
护目镜	眼	气焊、气割、电弧焊以及它们的辅助工作;防止弧光伤害
头盔	眼、鼻、口、脸	电弧焊、切割、碳弧气刨;防止弧光伤害,同时能减少焊接烟尘及有害气体的危害
口罩	口、鼻	电弧焊、非铁金属气焊、打磨焊缝、碳弧气刨、切割;减少烟尘吸入
护耳器	耳	风铲清焊根,防止噪声伤害
通风头盔	眼、鼻、口、颈、胸、脸	封闭容器内焊、割、气刨时,减少烟尘吸入
工作服	躯干四肢	一般焊接、切割用白色棉帆布;气体保护焊用粗毛呢或皮革面料;全位置焊焊工用皮制工作服;特殊高温作业用石棉服;防止焊接时被烫伤和体温增加
工作帽	头	防止头部伤害
毛巾	颈	防止颈部烫伤
手套	手、臂	防止焊接时触电和烫伤
鞋盖	足	飞溅强烈的场所,防止脚部烫伤
绝缘底工作鞋	足	防止触电、烫伤

注:高空焊接作业还应具有相应的防护装备,如戴安全帽、安全带等。

①护目镜。又称为眼镜。焊工的护目镜必须符合 GB 3609.1—2008《职业眼面部防护　焊接防护　第 1 部分:焊接防护具》的规定,护目镜的遮光号是由可见光的透过率大小来决定的,可见光透过率越大,遮光号越小。焊接推荐使用的焊接滤光片遮光号见表 1-3,其中 11、12、13 号滤光片应用广泛。

表 1-3　推荐使用的焊接滤光片遮光号

遮光号	适用场合
5,6	30A 以下的电弧焊作业
7,8	30～75A 电弧焊作业
9,10	75～200A 电弧焊作业
11,12,13	200～400A 电弧焊作业
14	500A 电弧焊作业
15,16	500A 以上气体保护焊

②头盔、防护面罩。常用的焊接防护面罩如图 1-3 所示。面罩用厚 1.5mm 钢

纸板压制而成。防护面罩上均已按要求安装了相应的护目镜,除非需要更换,一般不必自行拆卸或重新安装。防护面罩上通常安装的是 10 号或 12 号滤光片。

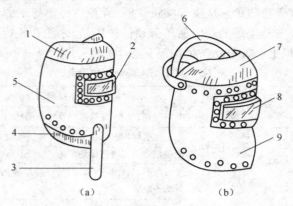

图 1-3　焊接防护面罩

1. 上弯司　2. 观察窗　3. 手柄　4. 下弯司　5. 面罩主体
6. 头箍　7. 上弯司　8. 观察窗　9. 面罩主体

③防护工作服。焊工常用帆布工作服或铝膜防护服。

④电焊手套和工作鞋。电焊手套常采用牛绒面革或猪绒面革制作。焊工工作鞋一般采用胶底翻毛皮鞋。

⑤防尘口罩。佩戴防尘口罩可以减少焊接烟尘和有害气体的危害。自吸过滤式防尘口罩如图 1-4 所示。

⑥护耳塞。护耳塞一般由软塑料和软橡胶制成,形状如图 1-5 所示。

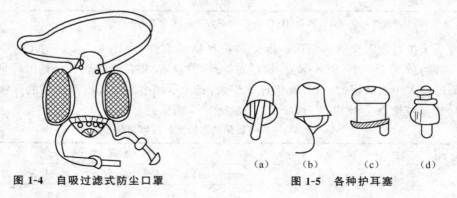

图 1-4　自吸过滤式防尘口罩　　　　图 1-5　各种护耳塞

(3)焊接作业现场的安全检查

①检查焊工是否穿戴好符合国家有关标准规定的防护用品,严禁穿化纤工作服、不符合绝缘要求的工作鞋和戴绝缘不合格的手套上岗。未经安全培训人员不得参与焊接作业。

②焊接与切割作业现场的设备、工具、材料是否排列有序,现场不得有乱堆乱放现象。

③焊接作业现场是否有必要的通道，要求车辆通道宽度≥3m，人行通道≥1.5m，以满足焊接生产的需要。

④焊接作业现场面积是否宽阔。要求每个焊工作业面面积≥4m²，地面要干燥；工作场地要有良好的自然采光或局部照明设施，照明设施工作面的照度应在50～100lx。

⑤检查焊接作业现场的气焊胶管与胶管之间、电焊电缆线之间或气焊(割)胶管与电焊电缆线之间是否互相缠绕。

⑥检查焊机接线是否正确、电流调整是否可靠。

⑦检查焊机是否装有独立的专用电源开关，其容量应符合要求，控制开关应用封闭式的自动空气开关或铁壳开关，禁止多台焊机共有一个电源开关。

⑧检查焊机外壳是否可靠接地(或接零)保护，接地(或接零)是否符合要求。检查时应注意，当接地电阻＜4Ω时，接地线固定螺栓的公称直径应≥M8。

⑨检查焊接电缆与电焊机接线柱的紧固情况。

⑩焊接作业现场10m范围内，各类可燃、易爆物品是否清除干净。

⑪室内作业通风是否良好，多地点焊接作业之间是否有弧光防护屏。

⑫室内登高焊接作业现场是否符合要求；安全网、登高梯、脚手板是否符合规定。

(4)焊接作业防止触电的安全措施

①经常进行电气安全教育，使焊接作业人员懂得安全用电的基本知识，掌握安全用电的基本方法。

②作业现场用电必须满足焊接作业的用电负荷。现场作业用电必须严格执行国家、行业的电气安全工作规程和施工用电规程。非电气人员不得随意操作。

③作业时要严格执行安全操作规程，如切断电源时，应先断开负荷开关，然后再断开隔离开关；合上电源时，应先合上隔离开关，再合上负荷开关。

④要防止电气绝缘部分损坏和受潮，以免发生触电事故。不可用湿布去擦抹电器设备，更不能用潮手去摸灯座、插头、开关等用电装置。使用的电气设备和电动工具的绝缘必须完好，并定期测试绝缘电阻值是否符合要求。

⑤电气设备的金属外壳、金属构架等，应检查其保护接地(或接零)是否良好，定期检测其接地电阻值是否符合要求。

⑥不准用金属丝绑捆电线，不准在电线上悬挂物件，输电电缆排放要避免与金属件相接触。作业现场堆放的设备和材料，应与带电设备和输电线路保持一定的安全距离。作业现场的各种用电设备、供电线路要定期检查，发现破损、老化现象时，要及时修理和更换。

⑦国家规定在潮湿的工作环境中工作时，应采用安全电压供电。安全电压为36V和12V。在高压电源、高压装置和高压线路附近作业，必须保持安全距离，并设专人监督。高压电源、装置周围应设围栏、遮栏，并有"高压危险"明显标志，无关

人员不得靠近,防止高压触电事故的发生。

(5)高空焊接作业的安全措施

①登高作业前,应先检查所用的登高工具和安全用具,如安全帽、梯子、跳板、爬杆脚板、脚手架、安全网等,若不符合要求,应禁止使用。

②登高作业时,应使用符合标准的防火安全带,使用前要认真进行检查,并定期进行合格试验。安全带应高挂低用,并系紧戴牢。如使用安全绳,其长度不可超过2m。

③高处焊割作业的脚手板,应事先经过检查,不得使用有腐蚀或机械损坏的木板或铁木混合板,脚手板单行人行道宽度应≥0.6m,双行人行道宽度应≥1.2m,上下坡度应≤1：3,板面要钉防滑条,脚手架的外侧应按规定加装围栏防护或扶手,工作时要站稳把牢。

④安全网的架设应外高里低,铺设平整,不留缝隙,随时清理网上杂物,安全网应随作业点升高而提升,发现安全网破损应按要求更换。

⑤登高作业要穿好防滑鞋。严禁穿拖鞋、硬底鞋和塑料鞋,并遵守施工现场特定的安全操作规程。登高作业地点,应画出安全禁区,并设置明显的标志,禁止无关人员进入。必须清理高空作业下方场地,禁止堆放杂物。

⑥在进行高空作业时,除有关人员外,其他人员不许在工作地点的下面停留和通过。工作地点下面应设拦网绳等,以防落物伤人。禁止蹬在不牢固的结构上进行高空作业,为了防止误蹬,应在这种结构的地点挂上警告牌。高空作业站立在脚手板上工作时,不应站在脚手板两端,避免脚手板翘起,人从高空坠落。

⑦高空作业时,不应把工具、器材等放在脚手架或建筑物边缘,防止坠落伤人。严禁将电缆线、乙炔或氧气胶管缠在身上或搭在背上作业。露天下雪时不宜作业,下雨或有6级大风时禁止高处作业。

⑧高空焊割必须设监护人,电源开关设在监护人近旁,如遇危险,立即拉闸,进行抢救,同时注意观察火情。

(6)野外(或露天)焊接作业的安全措施

①焊接处必须设置防雨、防风棚,凉棚。应注意风向,不让吹散的铁水及熔渣伤人。应设置简易屏蔽板,遮光挡板,以免弧光伤害附近人员。

②雾天、雨天、雪天不准露天电焊。在潮湿处工作时,焊工应站在铺有绝缘物品的地方,穿好绝缘鞋。夏天工作时,应防止氧气瓶、乙炔瓶直接受烈日暴晒,以免发生爆炸。冬天若瓶阀、减压器冻结时,应用热水解冻,严禁用火烤。

(7)焊接作业的防火安全措施

①作业现场应建立防火检查制度,强化防火领导体制,建立应急防火队伍。作业人员积极参加消防安全培训教育,以增强防火安全意识。

②作业现场严禁吸烟,不得使用电热器具。

③焊接作业地点的可燃物要清除干净,不能清除的要用水浇湿,或用铁板、石棉等不燃物体遮挡,防止火花飞溅引起火灾。

④盛装过易燃、可燃液体的受压容器,在焊接作业前,必须事先进行检查,并经过冲洗、置换、解除容器压力、消除容器密闭状态(敞开口,掀开盖)等技术处理,经分析确无燃烧爆炸危险后再行作业。若中途停止作业,应重新进行技术处理后才能作业。

⑤在进行焊接及切割操作的地方必须配置足够的灭火设备。其配置取决于现场易燃物品的性质和数量,可以是水池、沙箱、水龙带、消火栓或手提灭火器。在有喷水器的地方,在焊接或切割过程中,喷水器必须处于可使用状态。如果焊接地点距自动喷水头很近,可根据需要用不可燃的薄材或潮湿的棉布将喷头临时遮蔽,而且这种临时遮蔽要便于迅速拆除。

⑥一旦发生电气火灾。应迅速切断电源,以免事态扩大。切断电源时应戴绝缘手套,使用有绝缘柄的工具。

⑦扑灭电气火灾时要用绝缘性能好的灭火剂,如干粉灭火机、二氧化碳灭火器。对施工现场无法自我扑救的火灾,应及时报警。当现场作业人员被围困在高处或浓烟笼罩处时,应采取正确防护方法等待救援,不得乱跑或跳楼逃生。

第二节　焊接作业基础训练

一、准备工作

进行焊接作业前应按一定程序做好准备工作,以养成良好的职业素养。准备工作大致包括三个方面。

(1)检查焊接系统的完整性和可靠性

①确认所用焊机的型号和规格,检查焊接电缆与焊机规格是否配套;电缆一端与焊机输出端接柱连接是否牢固,电缆另一端分别与焊钳和搭铁钩连接是否牢固;手持焊钳手柄移动是否自如,搭钩与焊件接触是否有效;夹持焊条是否牢靠;确认所用电焊条的类型(酸性或碱性)及规格;确认被焊工件的材料是否适用于一般电弧焊的低碳钢或低合金钢。常用的钢板、角钢、扁钢、工字钢、圆钢、建筑用钢筋均可焊接;装饰用的不锈钢管不宜用普通的电焊焊接。

②操纵电焊机调节手柄是否顺畅,有无卡壳现象出现;检查电缆外皮绝缘层有无破损,防止出现漏电。

③检查电焊用的辅助设备和工具,如焊条放置筒(或低温筒)、锤子、錾子、钢丝刷等是否齐全合用。

(2)检查焊接作业区防火安全设施

①作业区周边是否已安置有效的防护遮挡围栏,作业区内易燃易爆物品是否已移至安全区域。

②检查室内作业区域的通风状况是否良好,有无排风装置,切忌在密闭环境下

从事焊接。室外高空作业时,安全防护措施是否有效,专门的安全监视人员是否配齐。

③灭火装置是否齐备有效,使用是否方便。

(3)个人焊接防护准备

①按规定穿着防护工作服,不允许穿化纤类服装进行焊接。

②按规定穿胶底翻毛皮鞋,并佩戴护鞋罩。

③按规定佩戴电焊手套和防尘口罩,视需要使用护耳塞。

④施焊时戴好防护面罩和头盔。

二、焊接操作

(1)引弧　引弧是指电焊系统投入焊接时,利用焊条与焊件之间的电离作用而产生电弧的过程。引弧有划擦引弧和直击引弧两种方法。无论采用哪种方法引弧都要经过训练才能掌握引弧要领、顺利点燃电弧。

1)划擦引弧。先将焊条末端对准焊件,然后将手腕扭转一下,使焊条在焊件表面轻轻划擦一下,动作有点似划火柴,用力不能过猛,随即将焊条提起 2~4mm,即在空气中产生电弧。引燃电弧后,焊条不能离开焊件太高,一般不大于 10mm,并且不要超出焊缝区,然后手腕扭回平位,保持一定的电弧长度,开始焊接,如图1-6a所示。

2)直击引弧。先将焊条末端对准焊件,然后手腕下弯一下,使焊条轻碰一下焊件,再迅速提起 2~4mm,即产生电弧。引弧后,手腕放平,保持一定电弧高度开始焊接,如图 1-6b 所示。

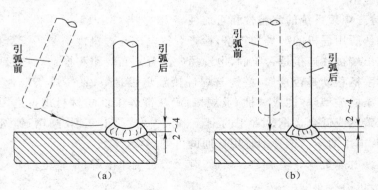

图 1-6　引弧方法

(a)划擦引弧法　(b)直击引弧法

划擦引弧对初学者来说容易掌握,但操作不当容易损伤焊件表面。直击引弧法对初学者来说较难掌握,操作不当,容易使焊条粘在焊件上或用力过猛时使药皮大块脱落。不论采用哪一种引弧方法,初学者最好先在切断焊机电源的情况下,多练几次引弧动作,待掌握基本要领后再合上电源练习实际引弧操作。引弧应注意以下几点：

①引弧处应清洁，不宜有油污、锈斑等杂物，以免影响导电或使熔池产生氧化物，导致焊缝产生气孔和夹杂。

②为便于引弧，焊条应裸露焊芯，以利于导通电流；引弧应在焊缝内进行以避免引弧时损伤焊件表面。

③引弧点应在焊接点（或前一个收弧点）前 10～20mm 处，电弧引燃后再将焊条移至前一根焊条的收弧处开始焊接，可避免因新一根焊条的头几滴铁水温度低而产生气孔和外观成形不美。

（2）运条　引燃电弧进行施焊时，控制焊条的运动，使之形成连续的焊缝称为运条。

1）焊条运动的基本动作。电弧焊进行施焊时，焊条要有 3 个方向的基本动作，才能得到良好成形的焊缝和电弧的稳定燃烧。这 3 个方向的基本动作是焊条向熔池送进动作、焊条横向摆动动作和焊条前移动作，如图 1-7 所示。

①焊条送进动作。在焊接过程中，焊条在电弧热作用下，会逐渐熔化缩短，焊接电弧弧长被拉长。而为了使电弧稳定燃烧，保持一定弧长，就必须将焊条朝着熔池方向逐渐送进。为了达到这个目的，焊条送进动作的速度应该与焊条熔化的速度相等。如果焊条送进速度过快，则电弧长度迅速缩短，使焊条与焊件接触，造成短路；如果焊条送进速度过慢，则

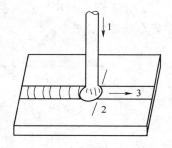

图 1-7　焊条运动的基本动作
1. 焊条向熔池送进动作
2. 焊条横向摆动动作
3. 焊条前移动作

电弧长度增加，直至断弧。实践证明，均匀的焊条送进速度及电弧长度的恒定，是获得优良焊缝质量的重要条件。

②焊条横向摆动动作。在焊接过程中，为了获得一定宽度的焊缝，提高焊缝内部的质量，焊条必须要有适当的横向摆动，其摆动的幅度与焊缝要求的宽度及焊条的直径有关，摆动越大则焊缝越宽。横向摆动必然会降低焊接速度，增加焊缝的线能量。正常焊缝宽度一般不超过焊条直径的 2～5 倍。

③焊条前移动作。在焊接过程中，焊条向前移动的速度要适当，焊条移动速度过快则电弧来不及熔化足够的焊条和母材金属，造成焊缝断面太小及未焊透等焊接缺陷。如果焊条移动太慢，则熔化金属堆积太多，造成溢流及成形不良，同时由于热量集中，薄焊件容易烧穿，厚焊件则产生过热，降低焊缝金属的综合性能。因此，焊条前移的速度应根据电流大小、焊条直径、焊件厚度、装配间隙、焊接位置及焊件材质等不同因素来适当掌握运用。

2）运条方法。运条方法就是焊工在焊接过程中，运动焊条的手法。它与焊条角度及焊条运动是电焊工最基本的操作技术。运条方法是能否获得优良焊缝的重

要因素,下面介绍几种常用的运条方法及适用范围。

①直线形运条法。在焊接时保持一定弧长,沿着焊接方向不摆动地前移,如图1-8a所示。由于焊条不做横向摆动,电弧较稳定,因此能获得较大的熔深,焊接速度也较快,对易过热的焊件及薄板的焊接有利,但焊缝成形较窄。适用于板厚3～5mm的不开坡口的对接平焊、多层焊的第一层封底和多层多道焊。

②直线往返形运条法。在焊接过程中,焊条末端沿焊缝方向做来回的直线形摆动,如图1-8b所示。在实际操作中,电弧长度是变化的。焊接时应保持较短的电弧。焊接一小段后,电弧拉长,向前跳动,待熔池稍凝,焊条又回到熔池继续焊接。直线往返形运条法焊接速度快、焊缝窄、散热快,适用于薄板和对接间隙较大的底层焊接。

③锯齿形运条法。在焊接过程中,焊条末端在向前移动的同时,连续在横向做锯齿形摆动,如图1-9所示。

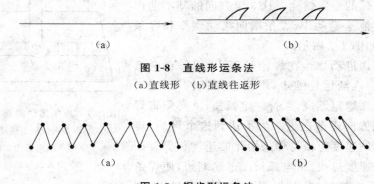

图 1-8　直线形运条法

(a)直线形　(b)直线往返形

图 1-9　锯齿形运条法

(a)正锯齿形　(b)斜锯齿形

使用锯齿形运条法运条时两侧稍加停顿,停顿的时间视工件原形、电流大小、焊缝宽度及焊接位置而定。这主要是保证两侧熔化良好,且不产生咬边。焊条横向摆动的目的,主要是控制焊缝熔化金属的流动和得到必要的焊缝宽度,以获得良好的焊缝成形效果。由于这种方法容易操作,所以在生产中应用广泛,多用于较厚的钢板焊接。

④月牙形运条法。在焊接过程中,焊条末端沿着焊接方向做月牙形横向摆动(与锯齿形相似),如图1-10a所示。摆动的速度要根据焊缝的位置、接头形式、焊缝宽度和焊接电流的大小来决定。为了使焊缝两侧熔合良好,避免咬肉,要注意在月牙两端停留的时间。采用月牙法运条,对熔池加热时间相对较长,金属的熔化良好,容易使熔池中的气体逸出和熔渣浮出,能消除气孔和夹渣,焊缝质量较好。但由于熔化金属向中间集中,增加了焊缝的余高。对接头平焊时,为了避免焊缝金属过高,使两侧熔透,有时采用反月牙形运条法运条,如图1-10b所示。月牙形运条法适用于较厚钢板对接接头的平焊、立焊和仰焊,以及 T 形接头的立角焊。

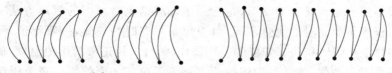

(a)   (b)

图 1-10 月牙形运条法

(a)月牙形 (b)反月牙形

以上介绍的几种运条方法,仅是几种最基本的方法,在实际生产中,焊接同一焊接接头形式的焊缝,焊工们往往根据自己的习惯及经验,采用不同的运条方法,都能获得满意的焊接效果。

3)起头、接续及收尾。

①焊缝的起头。焊缝的起头就是指开始焊接的操作。由于焊件在未焊之前温度较低,引弧后电弧不能立即稳定下来,所以起头部分往往容易出现熔深浅、气孔、未熔透、宽度不够及焊缝堆过高等缺陷。为了避免和减少这些现象,应该在引弧后稍将电弧拉长,对焊缝端头进行适当预热,并且多次往复运条,达到熔深和所需要宽度后再调到合适的弧长进行正常焊接。

对环形焊缝的起头,因为焊缝末端要在这里收尾,所以不要求外形尺寸,而主要要求焊透、熔合良好,同时要求起头要薄一些,以便于收尾时过渡良好。

对于重要工件、重要焊缝,在条件允许的情况下尽量采用引弧板,将不合要求的焊缝部分引到焊件之外,焊后去除。

②焊缝的接续。在焊条电弧焊操作中,焊缝的接头是不可避免的。焊缝接头的好坏,不仅影响焊缝外观成形,也影响焊缝质量。后焊焊缝和先焊焊缝的连接情况和操作要点见表 1-4。

表 1-4 焊缝的接续技术

接头方式	示 意 图	操 作 技 术
中间接续	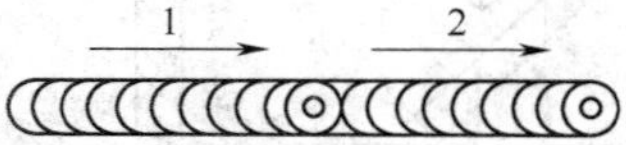	在弧坑前约 10mm 附近引弧,弧长略长于正常焊接弧长时,移回弧坑,压低电弧稍做摆动,再向前正常焊接
相背接续	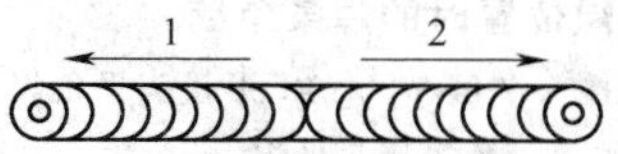	先焊焊缝的起头处要略低些,后焊的焊缝必须在前条焊缝始端稍前处起弧,然后稍拉长电弧,并逐渐引向前条焊缝的始端,并覆盖此始端,焊平后,再向焊接方向移动
相向接续	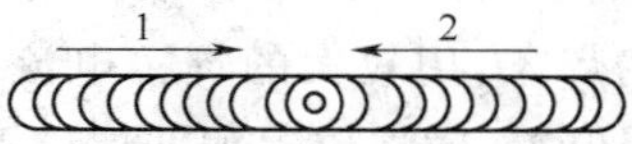	后焊焊缝到先焊焊缝的收弧处时,焊速放慢,填满先焊焊缝的弧坑后,以较快的速度再略向前焊一段后熄弧
分段退焊接续	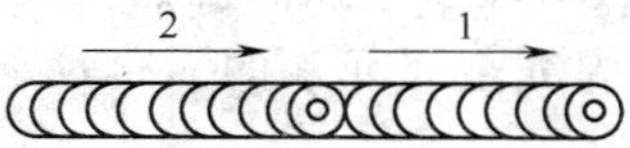	后焊焊缝靠近前焊焊缝始端时,改变焊条角度,使焊条指向前焊焊缝的始端,拉长电弧,形成熔池后,压低电弧返回原熔池处收弧

③焊接的收尾。又称为收弧,是指一条焊缝结束时采用的收尾方法。焊缝的收尾与每根焊条焊完时的熄弧不同,每根焊条焊完时的熄弧,一般都留下弧坑,准备下一根焊条再焊时接头。焊缝的收尾操作时,应保持正常的熔池温度,做无直线移动的横摆点焊动作,逐渐填满熔池后再将电弧拉向一侧熄弧。每条焊缝结束时必须填满弧坑,过深的弧坑不仅会影响美观,还会使焊缝收尾处产生缩孔、应力集中而产生裂纹。焊条电弧焊的收尾一般采用3种操作方法。

a. 划圈收尾法。当焊接电弧移至焊缝终点时,在焊条端部做圆圈运动,直到填满弧坑再拉断电弧,适用于厚板收尾。

b. 反复断弧收尾法。当焊接进行到焊缝终点时,在弧坑处反复熄弧和引弧数次,直到填满弧坑为止。适用于薄板和大电流焊接,但不宜用碱性焊条。

c. 回焊收尾法。焊接电弧移到焊缝收尾处稍加停顿,然后改变焊条角度回焊一小段后断弧,相当于收尾处变成一个起头,此法适用于碱性焊条的焊接。

(3)平焊位置焊接操作要点　焊缝处于水平方位的焊接称为平焊。平焊操作是最基本的操作。

1)平焊位置的焊条角度。平焊位置时的焊条角度如图 1-11 所示。

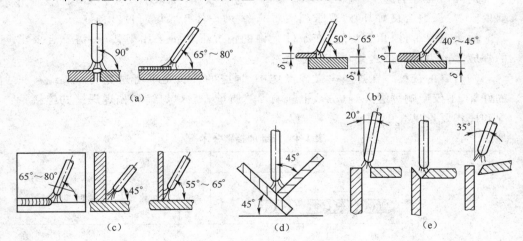

图 1-11　平焊位置时的焊条角度
(a)对接平焊　(b)搭接接头平角焊　(c)T形接头平角焊
(d)船形焊　(e)角接接头平焊

2)平焊位置的焊接要点。

①根据板厚可以选用直径较粗的焊条,用较大的焊接电流焊接。在同样板厚条件下,平焊位置的焊接电流,比立焊位置、横焊位置和仰焊位置的焊接电流大。

②一般焊时常采用短弧,短弧焊接可减少电弧高温热损失,提高熔池熔深;防止电弧周围有害气体侵入熔池,减少焊缝金属元素的氧化;减少焊缝产生气孔的可能。

③T形、角度、搭接的平角焊接头,若两板厚度不同,应调整焊条角度,将电弧偏向厚板一边,使两板受热均匀。

3)平焊位置的运条方法。

①板厚≤6mm,I形坡口对接平焊,采用双面焊时,正面焊缝采用直线形运条,稍慢,背面焊缝也采用直线形运条,开其他形坡口对接平焊时,可采用多层焊或多层多道焊,第一层(打底焊)宜用小直径焊条、小焊接电流、直线形运条或锯齿形运条焊接,以后各层焊接时,可选用较大直径的焊条和较大的焊接电流的短弧焊。锯齿形运条在坡口两侧须停留,相邻层焊接方向应相反,焊接接头须错开。

②T形接头平焊的焊脚尺寸小于6mm时,可选用单层焊,用直线形、斜环形或锯齿形运条方法;焊脚尺寸较大时,宜用多层焊或多层多道焊,打底焊都采用直线形运条方法,其后各层的焊接可选用斜锯齿形、斜环形运条。多层多道焊宜选用直线形运条方法焊接。

③搭接、角接平角焊时,运条操作与T形接头平角焊运条相似。

④船形焊的运条操作与开坡口对接平焊相似。

三、焊接工艺一般知识

(1)焊接接头、坡口与焊缝尺寸

1)焊接接头。用焊接方法连接的接头称为焊接接头。焊接接头包括焊缝熔合区和热影响区。常用的焊接接头有对接、T形或十字接头和搭接三种形式。

①对接接头。把在同一平面上的两个工件相对焊接起来而形成的接头称为对接接头。对接接头的焊接性能好,机械强度高,工艺性好是普遍应用的接头形式。图 1-12 所示为两种常用的对接接头形式。

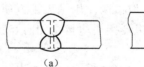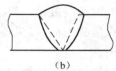

(a) (b)

图 1-12 两种对接接头

(a)I形接头 (b)V形接头

②T形和十字接头。把互相垂直的被焊工件用角焊缝连接起来的接头称T形或十字接头。这种接头是典型的电弧焊接头,广泛用于金属结构焊接中。此类接头是否开坡口应由接头强度来决定,如不开坡口则强度较低,不能用于承受重载荷的结构上。图 1-13 所示为 V 形开口的 T 形和十字接头。

③搭接接头。如图 1-14 所示,搭接接头是把两个被焊工件部分重叠在一起用角焊缝连接起来的接头。此种接头焊接准备和装配工作简单,常用于结构的拼装焊接。

接头的形式主要根据焊接结构而定,无好坏之分。

2)坡口。

①坡口的形式。根据设计或工艺需要,在焊件的待焊部分加工出一定几何形

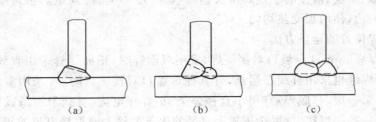

图 1-13 T形和十字接头
(a)单边 V 形 (b)带钝边单边 V 形 (c)双单边 V 形

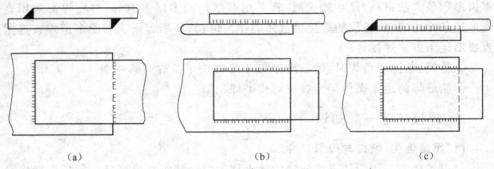

图 1-14 搭接接头
(a)正面角焊缝连接 (b)侧面角焊缝连接 (c)联合角焊缝连接

状的沟槽叫坡口。坡口的作用是为了方便施焊,确保焊缝根部焊透,使焊接电源能深入接头根部,以保证接头质量。同时,还能起到调节基体金属与填充金属比例的作用。

焊接接头的坡口形式很多。其基本的坡口形式有 I 形坡口、V 形坡口、X 形坡口和 U 形坡口,如图 1-15 所示。选择坡口形式主要依据焊件的厚度,厚度≤6mm 用 I 型坡口,厚度超过 6mm 的,视情况选用其他形式坡口。

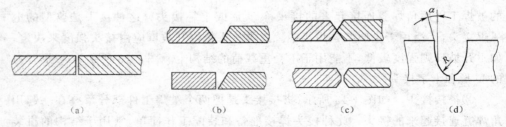

图 1-15 基本坡口形式
(a)I 形坡口 (b)V 形坡口 (c)X 形坡口 (d)U 形坡口

a. I 型坡口。I 形坡口用于较薄钢板的焊件对接,采用焊条电弧焊或气体保护焊,焊接厚度≤6mm 的钢板可以开 I 形坡口。这种坡口的焊缝填充金属(焊条或焊丝)很少。

b. V形坡口。是最常用的坡口形式之一。这种坡口便于加工,焊接时为单面焊,不用翻转焊件,但焊后焊件容易产生变形。

c. X形坡口。是在V形坡口的基础上改进而成,采用X形坡口后,在同样厚度下,能减焊缝金属量约1/2,并且是对称焊接,所以焊后焊件的残余变形较小。但缺点是焊接时需要翻转焊件。

d. U形坡口。在焊件厚度相同的条件下,U形坡口的空间面积比V形坡口小得多,所以当焊件厚度较大,只能单面焊接时,为提高生产率,可采用U形坡口。但这种坡口由于根部有圆弧,加工比较复杂,特别是在圆筒形焊件的筒壳上加工更加困难。

坡口的尺寸一般由对焊缝强度的要求决定,也可从相关资料中查到。

②坡口的加工方法。可根据工件尺寸、形状及加工条件选择,一般有以下几种方法:

a. 剪边。I形坡口可在剪板机剪床上剪切加工。

b. 刨边。用刨床或刨边机加工坡口,有时也可采用铣床铣削加工。

c. 车削。用车床或气动管子坡口机加工坡口,适于加工管子的坡口。

d. 热切割。用气体火焰或等离子弧手工切割或自动切割机加工坡口。可切割出V形、Y形或双Y形坡口,如球罐的球壳板坡口加工。

e. 铲削或磨削。用手工或风动工具铲削,用砂轮机或角向磨光机磨削加工坡口,此法效率较低。多用于缺陷返修时开坡口。

③坡口的焊前清理　焊件组装前,应将坡口两侧各50mm范围内表面上的油、污、锈、垢、防护层及氧化膜等清除干净,以确保焊缝的焊接质量。焊件常用清理方法有脱脂清理、化学清理和机械清理3种。

a. 脱脂清理。可用酒精、汽油、二氯乙烷、三氯乙烯、四氯化碳等有机溶剂在油脂、污垢处擦洗;或者将焊件坡口两侧放入装有脱脂溶液的槽中浸泡一定时间,油脂或油垢就会被清除干净。后一种方法脱脂质量好、效率高,适用于板材。

b. 化学清理。主要是用化学溶液与焊件表面的锈垢或氧化物发生化学反应,生成易溶物质,使焊件待焊处坡口表面露出金属光泽,经化学溶液清理后的焊件还要经热水或冷水冲洗,以免残留的化学溶液腐蚀焊缝。

c. 机械清理。通常用刮刀、锉刀、砂布、金属丝刷、砂轮、金属丝轮和喷砂等方法,清除焊件坡口及坡口附近表面的锈层、氧化膜层和表面防护层。一般结构的焊接大多采用机械清理方法。

经机械清理后的焊件待焊处端面及正、背面还要用丙酮或酒精擦洗,以清除残留的污物或油污。

3)焊缝。按焊接时所处的空间方位不同焊缝有平焊焊缝、立焊缝、横焊缝和仰焊缝四种。不同的焊接位置,焊接工艺和操作手法是有差别的。焊缝的结合形式有对接焊缝和角接焊缝两种。对接和角接的平焊焊接工艺是最基本的焊接工艺。

①平焊缝的形状和尺寸。

a. 焊缝宽度 B。焊缝表面与母材的交界处叫焊趾。单道焊缝横截面中,两焊趾之间的距离叫焊缝宽度,如图 1-16 所示。

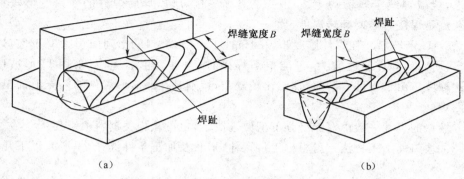

（a）　　　　　　　　　　　　　　　　　（b）

图 1-16　焊缝宽度

b. 余高。对接焊缝中,超出表面焊趾连线上面的那部分焊缝金属的高度叫余高,如图 1-17 所示。余高使焊缝的截面面积增加,强度提高,并能增加 X 射线摄片的灵敏度,但易使焊趾处产生应力集中。国家标准规定焊条电弧焊的余高值为 0～3mm,埋弧自动焊余高值取0～4mm。

c. 焊缝厚度 S。在焊缝横截面中,从焊缝正面到焊缝背面的距离称为焊缝厚度,如图 1-18 所示。

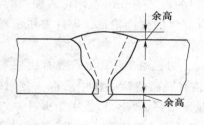

图 1-17　焊缝余高

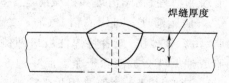

图 1-18　对接焊缝的焊缝厚度

②角焊缝的形状和尺寸。图 1-19 所示为典型角焊缝的形状和尺寸,其中,K 表示焊角高度,S 表示焊缝厚度。

③焊缝尺寸的确定。焊缝尺寸是依据设计要求确定的,也可从有关的焊接工艺资料中查阅。对接焊缝和角焊缝在焊接图上的表示见表 1-5。

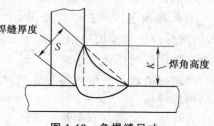

图 1-19　角焊缝尺寸

表 1-5 焊缝尺寸标注示例

序号	名称	示意图	焊缝尺寸符号	示例
1	对接焊缝		S:焊缝有效厚度	$S\text{V}$ $S\text{‖}$ $S\text{Y}$
2	连续角焊缝		K:焊角尺寸	$K\triangleright$

(2)焊接参数的选择 焊条电弧焊焊接参数主要包括电焊机型号与规格,焊接电流的极性和大小;电焊条的性能和规格;电弧电压、焊接层数等相关内容。

确定焊接参数的主要依据是焊件的材质、焊件的厚度以及对焊件结构的要求。焊接不同的材料,选用不同的焊机和焊条,焊件的厚度不同,焊机、焊条的规格也不相同。焊接电流也因焊接位置不同,焊接层数不同而有变化。焊接参数的确定是综合多种因素的结果。现将主要的参数分述如下:

1)电焊机的选用。

①交流弧焊变压器。低碳钢和低合金钢被广泛应用于钢结构之中,成为电弧焊的主要焊接对象。弧焊变压器(交流电焊机)以其适应性强得到普遍采用。交流电焊机的类型代号为 BX,不同结构的交流电焊机用数字表示,如 BX1、BX2、…BX6、BX7。BX1、BX2 为动铁心式结构,BX6 为抽头式结构。BX1、BX2 为中、大型功率焊机,主要适用于厚板焊接。BX6 为小型手提式交流电焊机,机动性强,广泛用于小型结构的焊接。

交流焊机的规格用额定电流表示,如 BX1-300 表示额定输出电流为 300A,BX6-160 表示额定输出电流为 160A,…等。

交流焊机的型号较多,但它们都使用酸性电焊条(如钛钙型 E4303、E5002 等)

②弧焊整流器。弧焊整流器是将交流电经整流后,输出直流电的直流焊机,如硅整流式弧焊整流器 ZXG－160 等。弧焊整流器作焊接电源,使用酸性焊条时,无需区分输出正、负极的接法,使用碱性焊条时则一定要负极搭铁(反接法)

极性是指直流焊机输出端正、负极的接法。焊件接正极,焊钳、焊条接负极称为正接(正极搭铁);焊件接负极,焊钳、焊条接正极称为反接(负极搭铁),如图 1-20所示。碱性焊条低氢钠型和低氢钾型焊条用反接;交流和直流正、反接均可的酸性焊条,在用直流弧焊机焊接时,焊厚板用正接,焊薄板用反接。

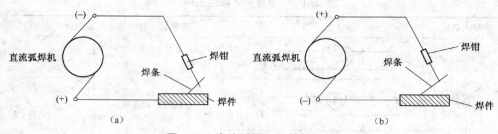

图 1-20　直流弧焊机正接与反接

(a)正接法　　(b)反接法

2)焊条的选择。

①焊条的类型。碳钢焊条广泛用于对低碳钢和低合金钢的焊接,常用的碳钢焊条有 E43 系列和 E50 系列两种。系列代号中 43、50 分别表示熔敷金属的抗拉强度最小值为 430MPa 和 500MPa。每个系列的焊条按药皮的化学性质又有酸性和碱性两种。酸性焊条使用较普遍,如 E4301、E4303。数字"0"表示酸性药皮。碱性焊条,E4315 中,数字"1"表示碱性药皮。

现实中使用最多的是酸性焊条,E4303,E5001 等。

②焊条直径的选择。

a. 按焊件厚度选择。可参考表 1-6,开坡口多层焊的第一层及非平焊位置焊缝焊接,应该采用比平焊缝小的焊条直径。

表 1-6　焊条直径与焊件厚度的关系　　　　　　　　（mm）

焊件厚度	≤1.5	2	3	4～5	6～12	>13
焊条直径	1.5	2	3.2	3.2～4	4～5	4～6

b. 按焊接位置选择。为了在焊接过程中获得较大的熔池,减少熔化金属下淌,在焊件厚度相同的条件下,平焊位置所用的焊条直径,比其他焊接位置要大一些;立焊位置所用的焊条直径≤5mm;横焊及仰焊时,所用的焊条直径≤4mm。

c. 按焊接层次选择。多层多道焊缝进行焊接时,如果第一层焊道选用的焊条直径过大,焊接坡口角度、根部间隙过小,焊条不能深入坡口根部,导致产生未焊透缺陷。所以,多层焊道的第一层焊道应采用的焊条直径为 2.5～3.2mm,以后各层焊道可根据焊件厚度选择较大直径焊条焊接。

③焊接电流的选择。表 1-7 给出了各种直径焊条适用的焊接电流参考值。

表 1-7　各种直径焊条适用的焊接电流参考值

焊条直径/mm	1.6	2.0	2.5	3.2	4.0	5.0	5.8
焊接电流/A	25～40	40～65	50～80	100～130	160～210	200～270	260～300

④焊接电弧电压的选择。电弧电压主要由电弧长度决定。一般电弧长度为焊条直径的 1/2～1 倍,相应的电弧电压为 16～25V,碱性焊条弧长应为焊条直径的 1/2,酸性焊条的弧长应等于焊条直径。观察电弧长度可判断焊接电弧电压是否符

合要求。

⑤焊接层数的选择。焊接层数的确定原则是保证焊缝金属有足够的塑性。在保证焊接质量条件下,采用大直径焊条和大电流焊接,以提高劳动生产率。如图1-21所示,在进行多层多道焊接时,对低碳钢及16Mn等普通低合金钢,焊接层数对接头质量影响不大,但如果层数过少,每层焊缝厚度过大时,对焊缝金属的塑性有一定的影响。对于其他钢种都应采用多层多道焊,一般每层焊缝的厚度≤5mm。

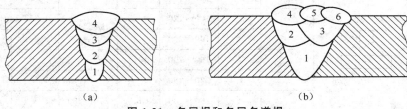

（a）　　　　　　　　　　　　　（b）

图 1-21　多层焊和多层多道焊

（a）多层焊　（b）多层多道焊

⑥焊接速度。焊接速度可由电焊工根据具体情况灵活掌握,原则是保证焊缝具有所要求的外形尺寸,保证熔合良好。焊接那些对焊接线能量有严格要求的材料时,焊接速度按工艺文件规定掌握。在焊接过程中,焊工应随时调整焊接速度,以保证焊缝的高低和宽窄的一致性。如果焊接速度太慢,热影响区加宽,焊缝变形大,焊接薄板时甚至会烧穿;如果焊接速度太快,焊缝较窄,则会发生未焊透的缺陷。

⑦对接、角接焊接参数。常用的焊条电弧焊焊接参数见表1-8。

表 1-8　常用的焊条电弧焊焊接参数

焊缝空间位置	焊缝断面形式	焊件厚度或焊脚尺寸/mm	第一层焊缝		其他各层焊缝		封底焊缝	
			焊条直径/mm	焊接电流/A	焊条直径/mm	焊接电流/A	焊条直径/mm	焊接电流/A
平对接焊		2	2	55~60	—	—	2	55~60
		2.5~3.5	3.2	90~120	—	—	3.2	90~120
		4~5	3.2	100~130	—	—	3.2	100~130
			4	160~200	—	—	4	160~210
			5	200~260	—	—	5	220~250
		5~6	4	160~210	—	—	3.2	100~130
							4	180~210
		≥8	4	160~210	4	160~210	4	180~210
					5	220~280	5	220~260
		≥12	4	160~210	4	160~210	—	—
					5	220~280	—	—

续表 1-8

焊缝空间位置	焊缝断面形式	焊件厚度或焊脚尺寸/mm	第一层焊缝		其他各层焊缝		封底焊缝	
			焊条直径/mm	焊接电流/A	焊条直径/mm	焊接电流/A	焊条直径/mm	焊接电流/A
平角接焊		2	2	55~65	—	—	—	—
		3	3.2	100~120	—	—	—	—
		4	3.2	100~120	—	—	—	—
			4	160~200				
		5~6	4	160~200				
			5	220~280				
		≥7	4	160~200	5	220~230	—	—
			5	220~280	5	220~230		
		—	4	160~200	4	160~200	4	160~220
					5	220~280		

(3)焊接工件的组对与定位　将两个拟相互焊接成一体的焊件,按既定接头形式(对接或角接)排布成待焊接的位置称为组对。在已组对的焊缝位置上选取若干点进行点焊以固定焊缝相对位置称为定位。对于较长的焊缝和圆管对接焊缝,只有经过组对与定位,才能获得良好的焊接效果。

1)焊件的组对。焊件组对的基本要求是接口上下对齐,无错口现象且间隙均匀适当。

①不开坡口的焊件组对。板-板平对接焊时,焊接厚度<2mm 或更薄的焊件时,装配间隙应≤0.5mm,剪切时留下的毛边在焊接时应锉修掉。装配时,接口处的上下错边不应超过板厚的 1/3,对于某些要求高的焊件,错边应≤0.2mm,可采用夹具组装。

②开坡口的焊件组对。板-板开 V 形坡口焊件组对时,装配间隙始端为 3mm,终端为 4mm。预置反变形量 3°~4°,错边量≤1.4mm。

板-管开坡口的骑座式焊件组对时,首先要保证管子应与孔板相垂直,装配间隙为 3mm,焊件装配错边量≤0.5mm。

管-管焊件组对时,装配间隙 2~3mm,钝边 1mm,错边量≤2mm,保证在同一轴线上。

2)焊接工件的定位焊。焊前固定焊件的相对位置,以保证整个结构件得到正确的几何形状和尺寸而进行的焊接操作叫作定位焊,俗称点固焊。定位焊形成的短小而断续的焊缝叫定位焊缝,通常定位焊缝都比较短小,焊接过程中都不去掉,而成为正式焊缝的一部分保留在焊缝中,因此定位焊缝的位置、长度和高度等是否

合适,将直接影响正式焊缝的质量及焊件的变形。进行定位焊接时应注意以下几点:

①必须按照焊接工艺规定的要求焊接定位焊缝,采用与正式焊缝工艺规定的同牌号、同规格的焊条,用相同的焊接工艺参数施焊,预热要求与正式焊接时相同。

②定位焊缝必须保证熔合良好,焊道不能太高。起头和收弧端应圆滑,不应过陡。直线形焊缝定位焊的焊接顺序、焊点尺寸和间距见表 1-9。管子的焊接,定位焊点不少于 3 个,应沿圆周均匀分布。

表 1-9 定位焊的焊接顺序、焊点尺寸和间距 (mm)

焊件厚度	焊接顺序	定位焊点尺寸和间距
薄件≤2	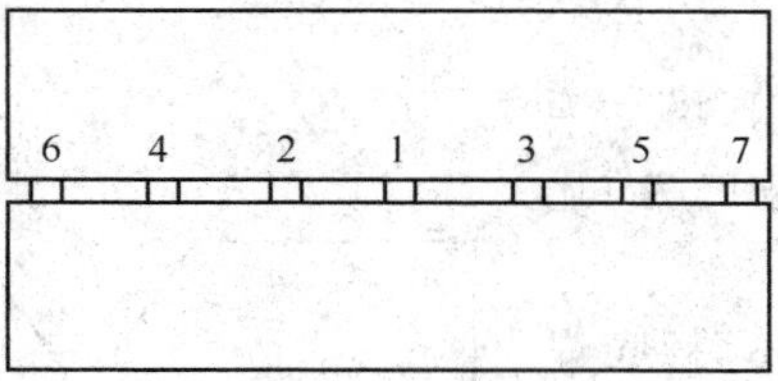 6 4 2 1 3 5 7	焊点长度:≈5 间距:20~40
厚 件	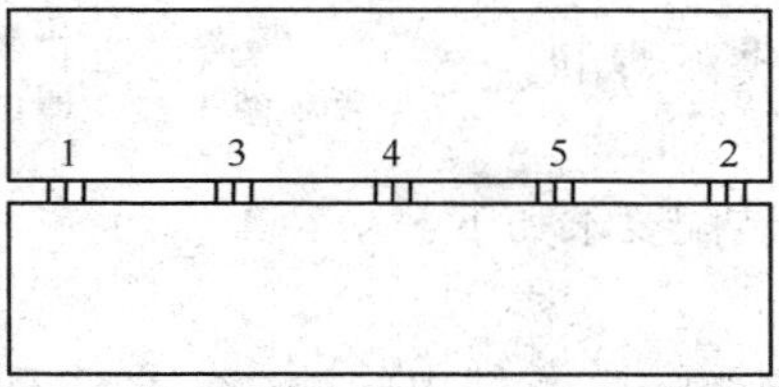 1 3 4 5 2	焊点(缝)长度:20~30 间距:200~300

注:焊接顺序也可视焊件的厚度、结构形状和刚性的情况而定。

③定位焊点应离开焊缝交叉处和焊缝方向急剧变化处 50mm 左右,应尽量避免强制装配,必要时增加定位焊缝长度或减小定位焊缝的间距。定位焊用电流应比正式焊接时稍高 10%~15%。

④定位焊后必须尽快正式焊接,避免中途停顿或存放时间过长。定位焊缝的余高不宜过高。

(4)清渣 焊接过程中焊缝的接续、更换焊条或多层焊接等情况都需要清渣。为保证后续焊接与已焊焊缝有良好的结合性能,将已焊焊缝上的焊渣清除干净,再继续焊接以保证良好的焊缝性能。

清除焊渣最常用的手动工具敲渣锤、钢丝刷清理。必要时,还可以利用手动吹风囊(俗称皮老虎)将渣屑吹离待焊区,效果更好。

①局部清渣。局部清渣是指对拟接续的焊缝端头部,用敲渣锤和钢丝刷,吹干净渣屑,露出焊缝端部的金属,即可进行接续焊接。对组对焊件的定位焊点应经清渣后才能实施焊接作业。

②全面清渣。在多层焊接时,每一层焊缝都全面清渣才能进行下一层的焊接。最后覆盖层的清渣,是检视焊缝质量的必要环节。

大型构件的清渣一般采用气动或电动打渣机。

第三节　典型焊接技能训练

一、低碳钢板对接平焊技能训练示例

用电弧焊将两块厚度为 14mm,长 300mm、宽 100mm 的低碳钢 Q235 钢板对接成 300mm×200mm 的矩形平板时,焊件厚度已超过 6mm,应采用 V 形坡口对接平焊,具体步骤如下:

(1)焊前准备

①焊件。材料 Q235 为低碳钢;尺寸为 300mm×100mm×14mm 两块;坡口为 60° V 形坡口,如图 1-22 所示。

②焊条。采用酸性焊条 E4303,打底焊 $d=3.2mm$,其他各层 $d=4mm$。

③焊机。采用交流动铁心式弧焊机 BX1-400。

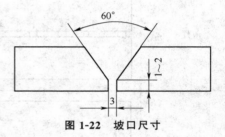

图 1-22　坡口尺寸

(2)焊件组对装配　焊件组对装配要求如下:

①钝边高度 1mm。

②清除坡口面及坡口正反两侧 20mm 范围内的油、锈、水分及其他污物,直至露出金属光泽。

③装配间隙始端为 3mm,终端为 4mm。

④定位焊采用与焊接试板相同牌号的焊条进行定位焊,并在焊件反面两端点焊,焊点长度为 10～15mm。

⑤预置反变形量 θ 为 3°或 4°,如图 1-23 所示,也可用下式进行计算

焊件两端边高差　$\Delta = b\sin\theta = 100\sin3° = 5.23(mm)$

⑥错边量≤1.4mm。

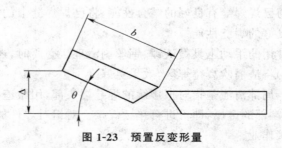

图 1-23　预置反变形量

预置反变形量的目的是抵消焊接热变形使焊后两块板仍在同一平面内。

(3)焊接参数(焊接参数见表1-10)。

表 1-10　焊接参数

焊接层次	焊条直径/mm	焊接电流/A
打底焊(1)	3.2	90~120
填充焊(2、3、4)	4	140~170
盖面焊(5)		140~160

(4)操作要点及注意事项

①打底焊。单面焊双面成形的打底焊,操作方法用连弧法。

连弧法:焊接时电弧燃烧不间断、焊接效率高、焊接熔池保护得好以及产生缺陷的机会少,但它对装配质量要求高,参数选择要求严,故其操作难度较大,易产生烧穿和未焊透等缺陷。

更换焊条时的接头应注意,在换焊条收弧前,在熔池前方做一熔孔,然后回焊10mm 左右,再收弧,以使熔池缓慢冷却。迅速更换焊条,在弧坑后部 20mm 左右起弧,用长弧对焊缝预热,在弧坑后 10mm 左右处压低电弧,用连弧手法运条到弧坑根部,并将焊条往熔孔中压下,听到"噗、噗"击穿声后,停顿 2s 左右灭弧,即可按断弧封底法进行正常操作。

②填充焊。施焊前先将前一焊道焊缝熔渣、飞溅清除干净,修正焊缝的过高处与凹槽。进行填充焊时,应选用较大一点的电流,并采用图 1-24 所示的焊条倾角,焊条的运条方法可采用月牙形或锯齿形,摆动幅度应逐层加大,并在两侧稍作停留。在焊接第 4 层填充层时,应控制整个坡口内的焊缝比坡口边缘低 0.5～1.5mm,最好略呈凹形,以使盖面时能看清坡口,且不使焊缝超高。

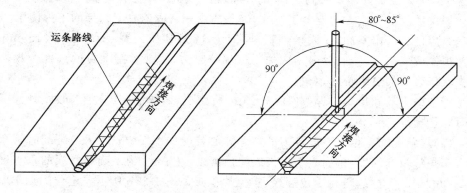

图 1-24　厚板平对接焊时焊接中间层的立条方法及焊条角度

③盖面焊。所使用的焊接电流应稍小一点,要使熔池形状和大小保持均匀一致,焊条与焊接方向夹角应保持 75°左右,焊条摆动到坡口边缘时应稍作停顿,以免产生咬边。

盖面层焊接换焊条收弧时,应对熔池稍填熔滴铁水,迅速更换焊条,并在弧坑前约 10mm 处引弧,然后将电弧退至弧坑的 2/3 处,填满弧坑后就可正常进行焊接。接头时如接头位置偏后,会使接头部位焊缝过高;如偏高,会造成焊道脱节。盖面层的收弧可采用 3～4 次断弧引弧收尾,以填满弧坑,使焊缝平滑为准。

二、低碳钢板 T 形接头的平角焊技能训练示例

角焊缝按其截面形状可分为 4 种,如图 1-25 所示。应用最多的是图 a 所示等腰直角形角焊缝。T 形接头的平角焊焊接,是比较容易焊接的位置,但是如果焊接参数选择不当,运条操作不当,也容易产生焊接缺陷。

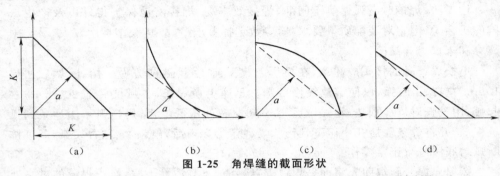

$$(a) \qquad\qquad (b) \qquad\qquad (c) \qquad\qquad (d)$$

图 1-25　角焊缝的截面形状

(a)等腰直角形角焊缝　(b)凹形角焊缝　(c)凸形角焊缝　(d)不等腰形角焊缝

(1)焊前准备

①焊机。选用 BX3-500 交流弧焊变压器。

②焊条。选用 E4303 酸性焊条,焊条直径为 4mm,焊前经 75℃～150℃烘干,保温 2h,焊条在炉外停留时间不得超过 4h,超过 4h 的焊条必须重新放入烘干炉烘干。焊条重复烘干次数不能多于 3 次,焊条药皮开裂或偏心度超标的不得使用。

③焊件。采用 Q235A 低碳钢板,厚度为 12mm,长×宽＝400mm×150mm,用剪板机或气割下料,然后用刨床加工待焊处直边,刨去气割下料的焊件待焊处,刨去坡口边缘的热影响区。

④辅助工具和量具。焊条保温筒、角向打磨机、钢丝刷、敲渣锤、样冲、划针、焊缝万能量规等。

(2)焊前装配定位　T 形接头平角焊焊前装配如图 1-26a 所示。装配时,为了加大角焊缝熔透深度,将立板与横板之间预留 1～2mm。为了确保立板的垂直度,用 90°角尺靠着立板,进行定位焊接,定位焊位置如图 1-26b 所示。定位焊用 BX3-500 交流弧焊变压器;焊条用 E4303、ϕ3.2mm;定位焊的焊接电流为 100～120A。

(3)操作要点　T 形接头平角焊焊接方式有单层焊、多层焊和多层多道焊 3 种,采用哪种焊接方式取决于所要求的焊脚尺寸。当焊脚尺寸<8mm,采用单层焊;焊脚尺寸为 8～10mm,采用多层焊;脚尺寸>10mm,采用多层多道焊。角焊缝钢板厚度与焊脚尺寸见表 1-11。本例采用 T 形接头单层焊。

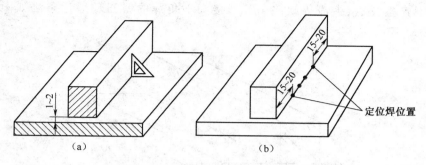

图 1-26 T 形接头平角焊的装配、定位焊

(a)装配 (b)定位焊

表 1-11 角焊缝钢板厚度与焊脚尺寸 （mm）

钢板厚度	<9	9～12	>12～16	>16～20	>20～24
焊脚最小尺寸	4	5	6	8	10

①T 形接头的单层平角焊。由于角焊时焊接热量向钢板的三向扩散,焊接过程中,钢板散热快,不容易烧穿;但容易在 T 形接头根部热量不足处形成未焊透缺陷。所以,T 形接头平角焊的焊接电流比相同板厚的对接平焊电流要大 10%左右。单层角焊焊接参数见表 1-12,T 形接头平角焊的焊条角度如图 1-27 所示。

表 1-12 单层角焊缝的焊接参数

焊脚尺寸/mm	3	4		5～6		7～8	
焊条直径/mm	3.2	3.2	4	4	5	4	5
焊接电流/A	110～120	110～120	160～180	160～180	200～220	160～180	200～220

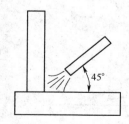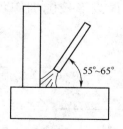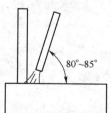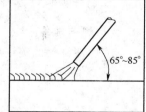

图 1-27 T 形接头平角焊的焊条角度

T 形接头平角焊焊接时,焊脚尺寸<5mm 的可采用短弧直线形运条法焊接,焊条与横板成 45°夹角,与焊接方向成 65°～80°夹角,焊接速度要均匀,焊接过程中,根据熔池的形状,随时调节焊条与焊接方向的夹角。夹角过小,会造成根部熔深不足;夹角过大,熔渣容易跑到电弧前方形成夹渣。T 形接头平角焊焊脚尺寸在5～8mm 时,可采用斜圆环形运条法焊接,焊接时,电弧在各点的速度是不同的,否

则,容易产生咬边、夹渣等缺陷。T形接头平角焊的斜圆环形运条法如图 1-28 所示。

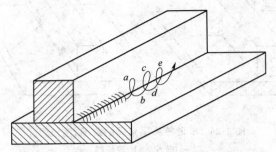

图 1-28　T 形接头平角焊的斜圆环形运条法

②T 形接头单层平角焊的焊接参数:

焊件材料　Q235-A

焊件尺寸　长×宽×高＝400mm×150mm×12mm

焊机　BX3-500

焊条　E4303,φ4mm

焊接电流　160～180A

焊接层数　只焊一层

焊脚尺寸　6mm

运条方式　采用斜圆环形运条

(4)焊缝清理　焊缝焊完后,用敲渣锤清除焊渣,用钢丝刷进一步将焊渣、焊接飞溅等清除干净,焊缝处于原始状态,在交付专职焊接检验前不得对各种焊接缺陷进行修补。

三、低碳钢管水平对接单面焊接双面成形技能训练示例

(1)焊前准备

①焊件材料低碳钢牌号:20。

②焊件及坡口尺寸:如图 1-29 所示。

③焊接位置:管子水平转动。

④酸性焊条:E5015(E4315)。

⑤直流焊机:ZX5-400 或 ZX7-400。

(2)焊件装配

①清除管子坡口面及其端部内外表面两侧 20mm 范围内的油、锈及其他污物,至露出金属光泽。

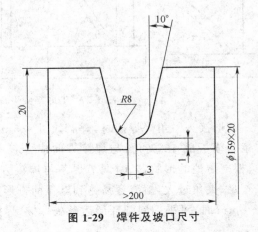

图 1-29　焊件及坡口尺寸

②置焊件于图 1-30 所示的装配胎具上进行装配、点焊。装配间隙为 3mm,钝边为 1mm。如图 1-31 所示,采用与试件相同牌号焊条进行二点定位焊。焊点长度为 10~15mm,点焊缝应保证焊透和无缺陷,其两端应预先打磨成斜坡以便接头。

③错边量≤2mm。

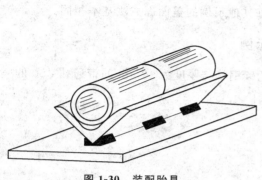

图 1-30　装配胎具

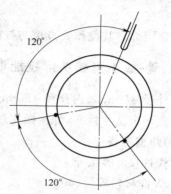

120°

120°

图 1-31　定位焊焊点位置

(3)焊接参数(表 1-13)

表 1-13　大直径管水平转动焊接参数

焊接层次	焊条直径/mm	焊接电流/A
打底焊	3.2	70~90
填充焊	4	130~160
盖面焊	4	160~200

(4)操作要点及注意事项　管子水平转动对接焊是管子对接焊中最易操作的一种焊接位置,易保证质量,生产率也较高,但它受焊件和施工条件的限制,应用范围较小。本实例焊件的管径和壁厚较大,故其熔池温度更易控制。

①打底焊。其焊缝表面应平滑,不能过高或在两侧形成沟槽,背面成形良好,保证根部焊透,防止烧穿和产生焊瘤。

管子水平转动,需借助于可调速的转动装置或手动转动装置来实现,以保证管子外壁的线速与焊接速度相同。施焊时,定位焊缝应放置在图 1-31 所示位置,焊接位置应为上坡焊(通常位于时钟 1 点 30 分位置),因它具有立焊时铁水与熔渣容易分离的优点,又有平焊时易操作的优点。

打底焊道可采用连弧法也可采用断弧法焊接,本实例采用断弧两点击穿法。先在坡口内引弧,并用长弧对始焊部位稍加预热,然后压低电弧,使焊条在两钝边间做轻微摆动。当钝边熔化的铁水与焊条金属熔滴连在一起,并听到"噗、噗"声时,形成第一个熔池后灭弧,这时在第一个熔池前端形成熔孔,并使其向坡口根部两侧各深入 0.5~1mm。然后给左侧钝边一滴铁水,再给右侧钝边一滴铁水,依次循环。

②填充焊。其操作要点与技能训练其他示例的填充焊方法基本相同,由于本例焊件厚度较大,焊接层数和道数较多,所以必须认真清除焊层间与焊道间的熔渣和飞溅,修平它们间凹凸处与接头处缺陷。运条方法可采用月牙形,焊条摆动到坡口两侧时,要稍作停顿。整个填充层焊缝高度应低于母材,最好略呈凹凸形,以利盖面层焊接。

③盖面焊。其操作要点也与技能训练其他示例的盖面焊方法基本相同。

四、管-板 T 形接头焊技能训练示例

将外径 $\phi60$mm、内孔径 $\phi50$mm 的低碳钢管与厚度为 12mm 的带通孔 $\phi50$ 的钢板焊成一个法兰接头,焊接操作过程如下。

(1)焊前准备

①焊件尺寸及要求:

a. 焊件材料牌号:20;

b. 焊件及坡口尺寸如图 1-32 所示;

c. 焊接位置:垂直俯立;

d. 焊接要求:单面焊双面成形,焊角高 $K=8$mm。

②焊条:E4315(酸性)。

③焊机:直流 ZX5—400(弧焊整流器)。

(2)焊件装配定位

①坡口清理。对坡口内外壁及板孔内外壁周围 20mm 范围内的油锈、氧化皮等进行清理,直至露出金属光泽。

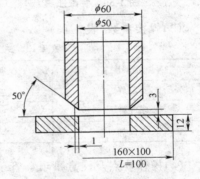

图 1-32　焊件及坡口尺寸

②装配定位。焊件装配时,焊缝间隙为 3~4mm,错边量≤0.5mm,管子应与孔板垂直。定位焊采用正式焊接时的焊条,定位焊长度 10~15mm。可采用一点定位或二点定位两种形式,如图 1-33 所示。定位点如图 1-34 所示,多为起临时作用的虚点定位。虚点定位点不作为正式焊缝的一部分,当焊至该点附近时,应将其铲除再继续焊接。

(3)焊接参数　骑座式管板焊接参数见表 1-14。

(4)操作要点及注意事项　本例管板角接的难度在于施焊空间受工件形式的限制,接头没有对接接头大,又由于管子与孔板厚度的差异,造成散热不同,熔化情况也不同。焊接时除了要保证焊透和双面成形外,还要保证焊脚高度达到规定要求的尺寸,所以它的相对难度要大,但目前生产中对这种接头形式却未被重视,主要原因是因为它的检测手段尚不完善,只能通过表面探伤及间接金相抽样来检测,不能对产品焊缝进行 100% 射线探伤,所以焊缝内部质量不太有保证。

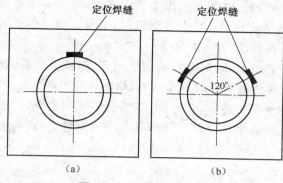

图 1-33　装配定位焊形式
(a)一点定位　(b)二点定位

图 1-34　虚点定位装配方式

表 1-14　骑座式管板焊接参数

焊接层次	焊条直径/mm	焊接电流/A
打底焊(共 1 道)	2.5	70~80
盖面焊(共 2 道)	3.2	100~120

①打底焊。应保证根部焊透,防止焊穿和产生焊瘤。打底焊道采用连弧法焊接,在定位焊点相对称的位置起焊,并在坡口内的孔板上引弧,进行预热,当孔板上形成熔池时,向管子一侧移动,待与孔板熔池相连后,压低电弧使管子坡口击穿并形成熔孔,然后采用小锯齿形或直线形运条进行正常焊接,焊条角度如图 1-35 所示。焊接过程中焊条角度要求基本保持不变,运条速度要均匀平稳,电弧在坡口根部与孔板边缘应稍作停留,应严格控制电弧长度(保持短弧),使电弧的 1/3 在熔池前,用来击穿和熔化坡口根部,2/3 覆盖在熔池上,用来保护熔池,防止产生气孔。并要注意熔池温度,保持熔池形状和大小基本一致,以免产生未焊透、内凹和焊瘤等缺陷。

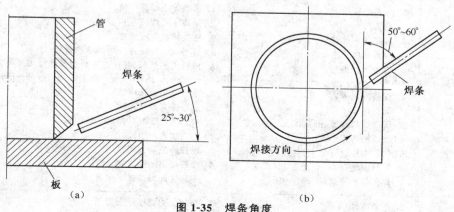

图 1-35　焊条角度
(a)焊条与管板之间的夹角　(b)焊条与焊缝切线之间的夹角

当每根焊条即将焊完前,应向焊接相反方向回焊 10~15mm,并逐渐拉长电弧至熄灭,以消除收尾气孔或将其带至表面,以便在换焊条后将其熔化,接头尽量采用热接法,如图1-36所示,即在熔池未冷却前,在 A 点引弧,稍作上下摆动移至 B 点,压低电弧,当根部击穿并形成熔孔后,转入正常焊接。

接头处应先将焊缝始端修磨成斜坡形,待焊至斜坡前沿封闭时,压低电弧,稍作停留,然后恢复正常弧长,焊至与始焊缝重叠约10mm处,填满弧坑即可熄弧。

②盖面焊。盖面层必须保证管子不咬边,焊脚对称,盖面层采用两道焊,后道焊缝覆盖前一道焊缝的 $1/3\sim2/3$,应避免在两焊道间形成沟槽和焊缝上凸,盖面层焊条角度如图1-37所示。

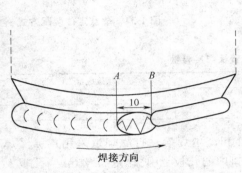

图 1-36　更换焊条方法

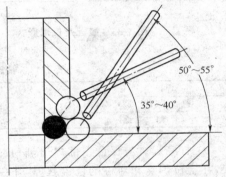

图 1-37　盖面层焊条角度

五、常见焊条电弧焊缺陷及预防措施

常见焊条电弧焊缺陷及预防措施见表1-15。

表 1-15　常见焊条电弧焊缺陷及预防措施

缺陷名称	产 生 原 因	预 防 措 施
咬边	1. 焊接电流过大 2. 电弧过长 3. 焊接速度加快 4. 焊条角度不当 5. 焊条选择不当	1. 适当减小焊接电流 2. 保持短弧焊接 3. 适当降低焊接速度 4. 适当改变焊接过程中焊条的角度 5. 按照工艺规程,选择合适的焊条牌号和焊条直径
焊瘤	1. 焊接电流太大 2. 焊接速度太慢 3. 焊件坡口角度、间隙太大 4. 坡口钝边太小 5. 焊件的位置安装不当 6. 熔池温度过高 7. 焊工技术不熟练	1. 适当减小焊接电流 2. 适当提高焊接速度 3. 按标准加工坡口角度及留间隙 4. 适当加大钝边尺寸 5. 焊件的位置按图组成 6. 严格控制熔池温度 7. 不断提高焊工技术水平
表面凹痕	1. 焊条吸潮 2. 焊条过烧 3. 焊接区有脏物 4. 焊条含硫或含碳、锰量高	1. 按规定的温度烘干焊条 2. 减小焊接电流 3. 仔细清除待焊处的油、锈、垢等 4. 选择性能较好的低氢焊条

续表 1-15

缺陷名称	产 生 原 因	预 防 措 施
未熔合	1. 电流过大,焊速过高 2. 焊条偏离坡口一侧 3. 焊接部位未清理干净	1. 选用稍大的电流,放慢焊速 2. 焊条倾角及运条速度适当 3. 注意分清熔渣、钢水,焊条有偏心时,应调整角度使电弧处于正确方向
未焊透	1. 坡口角度小 2. 焊接电流过小 3. 焊接速度过快 4. 焊件钝边过大	1. 加大坡口角度或间隙 2. 在不影响熔渣保护前提下,采用大电流、短弧焊接 3. 放慢焊接速度,不使熔渣超前 4. 按标准规定加工焊件的钝边
夹渣	1. 焊件有脏物及前层焊道清渣不干净 2. 焊接速度太慢,熔渣超前 3. 坡口形状不当	1. 焊前清理干净焊件被焊处及前条焊道上的脏物或残渣 2. 适当加大焊接电流和焊接速度,避免熔渣超前 3. 改进焊件的坡口角度
满溢	1. 焊接电流过小 2. 焊条使用不当 3. 焊接速度过慢	1. 加大焊接电流,使母材充分熔化 2. 按焊接工艺规范选择焊条直径和焊条牌号 3. 增加焊接速度
气孔	1. 电弧过长 2. 焊条受潮 3. 油、污、锈焊前没清理干净 4. 母材含硫量高 5. 焊接电弧过长 6. 焊缝冷却速度太快 7. 焊条选用不当	1. 缩短电弧长度 2. 按规定烘干焊条 3. 焊前应彻底清除待焊处的油、污、锈等 4. 选择焊接性能好的低氢焊条 5. 适当缩短焊接电弧的长度 6. 采用横向摆动运条或者预热,减慢冷却速度 7. 选用适当的焊条,防止产生气孔

第二章　焊工国家职业技能鉴定达标训练

第一节　焊工国家职业技能标准概要

根据《中华人民共和国劳动法》，人力资源和社会保障部制定了《焊工国家职业技能标准（2009 年修订）》（以下简称《标准》）。现将相关内容分述如下：

一、职业等级划分

本《标准》将焊工职业分为五个等级，分别称为：初级（国家职业资格五级）、中级（国家职业资格四级）、高级（国家职业资格三级）、技师（国家职业资格二级）、高级技师（国家职业资格一级）。

《标准》对不同级别的申报条件作出了明确规定。具备以下条件之一者，可申报初级鉴定（其他级别申报条件从略）：

①经本职业初级正规培训达规定标准学时数，并取得结业证书。

②在本职业连续见习 2 年以上。

③在本职业学徒期满。

《标准》对不同级别的基本要求、工作要求和鉴定比重都作了明确规定。其中，工作要求的项目实质上就是不同级别实操考核的项目。

二、初级焊工技能要求

（1）基本要求（占 50％）

基本要求包括：

①职业道德基本知识和职业守则；

②基础知识有识图、化学知识、金属材料、焊接基础知识、焊接材料、电工基本知识、电焊机基本知识、冷加工基础知识、环境保护、质量管理和相关劳动的法律知识等。

（2）工作要求（占 50％）

《标准》规定可从九项职业功能中，任选一项职业功能进行实操考核。基本要求和工作要求两项考核合格即可取得国家颁发的初级焊工证书。

（3）初级焊工职业技能考核项目（任选其中一项即可）

①焊条电弧焊。

②熔化极气体保护焊。

③非熔化极气体保护焊。

④埋弧焊。

⑤气焊。

⑥钎焊。

⑦电阻焊。

⑧压力焊。

⑨切割。

第二节　焊条电弧焊职业技能训练

焊条电弧焊应用普遍,适应性强,设备简单,机动灵活,操作简便且培训成本低,同时,它又是其他焊接形式的基础。选择焊条电弧焊作为初级焊工职业技能考项项目最恰当。

一、初级焊工焊条电弧焊职业技能内容

《标准》规定,初级焊工焊条电弧焊职业技能包括三项工作内容(以下简称职业技能)。

①厚度 $\delta=8\sim12$mm 低碳钢板或低合钢板角接接头和 T 形接头焊接。

②厚度 $\delta\geqslant6$mm 低碳钢板或低合金钢板对接手焊。

③管径 $\phi\geqslant60$mm 的低碳钢管水平转动对接焊。

二、职业技能特点

①三项焊接件的材料都是低碳钢或低合金钢。这类材料的焊接性能良好,使用交流弧焊机(BX 型)焊接,无特殊要求。

②三项焊接件的厚度都大于 6mm,无论是对接或角接都可设置相应的坡口。

③三项焊接都选用酸性焊条 E43 系列,对不同焊层可选用不同直径焊条施焊。

④三项焊接的焊接位置都是平焊(对接平焊或角接平焊)。

第三节　初级焊工焊条电弧焊工艺

一、低碳钢或低合金钢板角焊接头焊接工艺

厚度 $\delta=8\sim12$mm 焊接件如图 2-1 所示。

(1)焊前准备

①焊件材料:Q235　低碳钢。

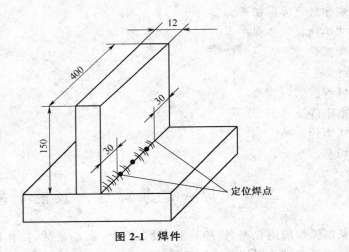

图 2-1 焊件

②焊件尺寸:长×宽×高 400mm×150mm×12mm。

③焊机型号:BX1-300 或(BX6-160)。

④焊条:E4303,ϕ4mm。

⑤焊脚高度:$K=5$mm,单层对称双面平角焊,不开坡口。

⑥焊接电流:160～180A。

(2)焊件装配定位 用直角尺校正焊件垂直位置,左、右两条焊缝离端面各50mm 点焊定位(中部可加 2～3 个定点焊点)。

(3)操作要点 左、右两侧焊缝采用对称施焊方式可减少焊接变形。焊缝接续点应清渣后再续焊。焊接时采用斜圆环形运条方式。

两侧焊缝焊完后,用敲渣锤清除焊渣,再用钢丝刷进一步清理,检查焊缝质量;有缺陷处应修补。

二、低碳钢板或低合金钢板对接平焊工艺

厚度为 12mm 的低碳钢板拼焊成图 2-2 所示焊件的焊接工艺如下:

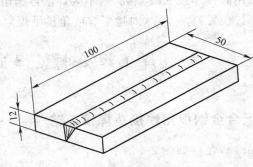

图 2-2 平板对接

(1)焊前准备

①焊件材料:Q235A 低碳钢。

②焊件尺寸:长×宽×高 100mm×50mm×12mm。

③坡口:图 2-3 坡口角度 60°,根部间隙 3～4mm,钝边 2mm。

④焊缝有效厚度 S 10mm。采用三层焊接。

⑤焊机 BX1-300。

⑥焊条 E4303,ϕ4mm。

⑦焊接电流 160～180A。

(2)焊件装配定位

①组对。焊缝间隙:前端 3mm,末端 4mm,预置外变形量 $\theta=3°～4°$(图 1-23)。

②定位点焊,沿焊缝长度方向等距离设置 3 定位焊点。

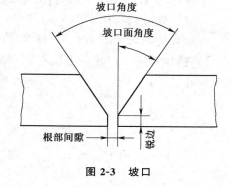

图 2-3 坡口

(3)操作要点

①清除定位焊点的焊渣。

②以较小电流打底焊,完成后清渣。

③以较大电流进行中间层填充焊接后清渣。

④以较大电流进行盖面层焊接。

⑤焊完后清渣。

⑥检视焊缝并修补。

三、低碳钢管水平转动对接焊工艺

外直径 ϕ100mm、内径 ϕ90mm 的两段低碳钢管水平转动对接焊如图 2-4 所示。其焊接工艺如下。

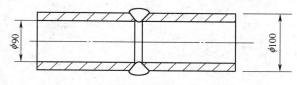

图 2-4 低碳钢管水平转动对接焊

(1)焊前准备

①焊接材料:20 低碳钢管。

②焊件尺寸:外径×内径 ϕ100mm×ϕ90mm,壁厚 δ5mm。

③焊机:BX1-300 或其他型号交流焊机。

④焊条:E4303,ϕ4mm。

⑤焊缝厚度：$S=5mm$。

⑥焊接电流：160~180A。

(2)焊件装配定位

①焊件用 V 形架支承组对，见图 1-30。

②接头处沿圆周加工出 V 形坡口，接口两端间隙 1~2mm。

③沿焊缝周向相隔 120°角，设两定位焊点。

(3)操作要点　以较小电流打底焊后清渣；以较大电流盖面焊后清渣；检视焊缝质量并修补。

第三章　熔化极气体保护焊

第一节　概　　述

一、气体保护焊概念

利用电弧产生的高温,将被焊金属局部熔化,冷却后形成焊缝使焊件联结成一体的连接方式统称为电弧焊。引入保护气柱包围电弧及熔池,隔开空气中有害物质对电弧和熔池的影响,从而获得优质焊缝是气体保护焊的特征。

二、气体保护焊分类

按焊接过程中产生电弧的电极是否熔化,将气体保护焊分为非熔化极气体保护焊和熔化极气体保护焊两大类。

(1)非熔化极气体保护焊(钨极氩弧焊 TIG)

非熔化极气体保护焊的电极是用难熔金属钨制成的。焊接时,电极不熔化只起导电作用,电弧对焊件和填充焊丝加热熔化进行焊接。非熔化极气体保护焊所使用的保护气体是惰性气体氩气、氦气或氦氩混合气体。在我国,一般使用氩气作为保护气体,故又称之为钨极氩弧焊。钨极氩弧焊通用名称为 TIG 焊。

TIG 焊特别适合于焊接易氧化的非铁金属及其合金、不锈钢、高温合金、钛及钛合金以及难熔的活性金属(钼、铌、锆)。TIG焊在航空航天、核工业等专业性强的行业中获得广泛应用。

钨极氩弧焊原理如图 3-1 所示。

(2)熔化极气体保护焊

①熔化极氩弧焊(MIG、MAG)。使用氩气或氩气与氦气混合惰性气体作为保护

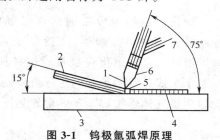

图 3-1　钨极氩弧焊原理
1. 钨极　2. 填充金属　3. 工件　4. 焊缝金属
5. 电弧　6. 喷嘴　7. 保护气体

气体的熔化极气体保护焊,称为熔化极氩弧焊 MIG。MIG 焊主要用于对有色金属的焊接。在氩气中加入少量的二氧化碳或氧气作为保护气体具有弱氧化性,称为MAG 焊。MAG 焊用于不锈钢、高强度钢或碳钢的焊接。

注:熔化极气体保护焊列为焊工职业技能考核项目之一。

MIG 焊和 MAG 焊都使用以氩为主的保护气体,属于熔化极氩弧焊的两种方式,应根据针对不同的焊接材料选用不同的焊接方式。对于钢结构焊接,通常选用 MAG 方式。实际使用时,只要更换保护气源,即可获得不同的焊接方式。

②二氧化碳气体保护焊(CO_2 保护焊)。用二氧化碳气体作为保护气体的熔化极电弧焊称为二氧化碳气体保护焊,(CO_2 保护焊)。CO_2 气体有氧化性,对焊缝质量有不利影响,通常需使用含有脱氧元素锰、硅的焊丝作填充金属。

第二节　熔化极氩弧焊

一、熔化极氩弧焊原理

熔化极氩弧焊是以填充焊丝作电极,利用从喷嘴中喷出的氩气气流,将电弧熔化的焊丝、熔池及附近的焊件金属与空气隔开,杜绝其有害影响,以获得性能良好的焊缝。熔化极氩弧焊原理如图 3-2 所示。

熔化极氩弧焊可用于焊接低碳钢、低合金钢、不锈钢、有色金属(如铝及铝合金)及钛合金。焊件的最小厚度不小于 1mm,最大厚度不受限制。

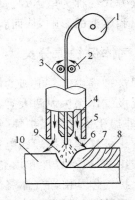

图 3-2　熔化极氩弧焊原理

1. 焊丝盘　2. 送丝滚轮　3. 焊丝　4. 导电嘴
5. 保护气体喷嘴　6. 保护气　7. 熔池
8. 焊缝金属　9. 电弧　10. 母材

二、熔化极氩弧焊设备的配置

熔化极氩弧焊设备通常由弧焊电源、控制器、送丝机构、焊炬、水冷系统及供气系统组成。自动熔化极氩弧焊设备还配有行走小车或悬臂梁等。而送丝机构及焊炬均安装在小车或悬臂梁的机头上。半自动熔化极气体保护焊设备的配置如图 3-3 所示。

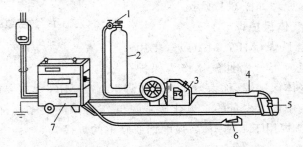

图 3-3　半自动熔化极气体保护焊设备的配置

1. 流量计　2. 气瓶　3. 送丝机　4. 焊炬　5. 工件　6. 控制器　7. 配电装置

(1)弧焊电源 熔化极氩弧焊设备使用的电源有直流和脉冲两种,一般不使用交流电源。通常采用的直流电源有磁放大器式弧焊整流器、晶闸管弧焊整流器、晶体管式、逆变式等几种。电源应具有平外特性、缓降外特性和恒流外特性,若需要控制熔滴过渡时,可用脉冲弧焊电源。

(2)控制箱 控制箱中装有焊接时序控制电路。其主要任务是控制焊丝的自动送进、提前送气、滞后停气、引弧、电流通断、电流衰减、冷却水流的通断等。对于自动焊机,还要控制小车的行走。

(3)气路和水路 熔化极氩弧焊的气路系统由气瓶、减压阀、流量计、软管和气阀组成,是所有熔化极氩弧焊必备的。

利用混合气体进行焊接时,要求将两种或三种气体利用配合器按照一定的配比混合好,然后再输送至软管中。

水路系统通以冷却水,用于冷却焊炬及电缆。设有水压开关,当水压太低或断水时,水压开关将断开控制系统电源,使焊机停止工作,保护焊接设备不被损坏。

(4)焊炬 焊炬又叫焊枪,是半自动熔化极氩弧焊设备的主要部件之一,由导电嘴、喷嘴、焊炬体和冷却水套等组成。其作用是送丝、导通电流、向焊接区输送保护气体等。焊炬包括用于大电流、高生产率的重型焊炬和适用于小电流、全位置的轻型焊炬。

按照冷却方式的不同,半自动熔化极氩弧焊焊炬可分为气冷式和水冷式两种,额定电流在200A以下的焊炬通常为气冷式焊炬,超过上述电流时应该采用水冷式焊炬。半自动焊炬按照外形通常分为鹅颈式及手枪式两种。鹅颈式焊炬应用最广泛,它适用于细丝焊,使用灵活方便。

鹅颈气冷式焊炬如图3-4所示。

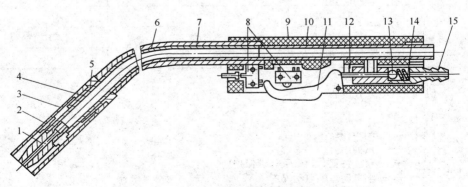

图3-4 鹅颈气冷式焊炬
1. 导电嘴 2. 分流环 3. 喷嘴 4. 弹簧管 5. 绝缘套 6. 鹅颈管
7. 乳胶管 8. 微动开关 9. 焊把 10. 枪体 11. 扳机 12. 气门推杆
13. 气门球 14. 弹簧 15. 气阀嘴

（5）送丝机　熔化极气体保护焊所用的送丝机由焊丝盘、送丝电机、减速装置、送丝滚轮、压紧装置以及送丝软管组成。送丝机的主要作用是将焊丝输送到焊接区，并通过一定的控制方式保证弧长的稳定。

三、典型熔化极氩弧焊机

①常用的半自动熔化极氩弧焊机的技术参数见表 3-1。

表 3-1　半自动熔化极氩弧焊焊机型号及技术参数

型　　号		NBA1-500	NBA7-400
电源电压	/V	380	380
空载电压		65	—
工作电压		20～40	15～42
焊接电流调节范围	/A	60～500	—
额定焊接电流		500	400
额定负载持续率	（%）	60	60
额定输入容量	/(kV·A)	34	
焊丝直径　不锈钢	/mm	—	0.5～1.2
焊丝直径　铝		2～3	1.6～2.0
送丝速度	/(m/h)	60～840	150～750
氩气流量	/(L/min)		25
冷却水流量		>1	
焊丝盘容量　不锈钢	/kg	—	18
焊丝盘容量　铝		5	6
电动机功率	/W	100	—
质　量　弧焊电源	/kg	485	
质　量　送丝机构		20	10
质　量　焊炬		0.6	1.5

焊机型号识读示例：

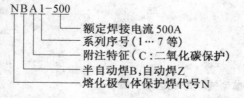

该型号表示半自动熔化极氩弧焊机，额定焊接电流为 500A。

②小型逆变分体熔化极气体保护焊机。两款小型分体式气体保护焊机的性能参数见表 3-2。

表 3-2 两款小型气体保护焊机性能参数

焊机型号	MIG—250F	NB—270F
电源电压(V)	三相 380	三相 380
输入电流(A)	14	14
电源容量(kVA)	9.2	9.2
电流调节范围(A)	50~250	50~270
输出电压(V)	14~30	14~30
额定输出电流(A)	250	270
额定输出电压(V)	27	27
额定负载持续率	60%	40%
功率因数	0.85	0.85
效率(%)	85	85
送丝方式	分体	分体
后吹时间(s)	1	1
焊丝盘直径(mm)	270	270
焊丝直径(mm)	0.8/1.0	0.8/1.0
主机外形尺寸(mm)	500×230×420	500×230×420
主机质量(kg)	20	20
送丝机外形尺寸(mm)	560×230×360	560×230×360
送丝机质量(kg)	8	8
适用板厚(mm)	0.8 以上	0.8 以上

四、熔化极氩弧焊焊接材料

(1)保护气体 熔化极气体保护焊采用以氩气为主的混合气体为保护气体。常用富氩混合气体的特点及应用范围见表 3-3。

表 3-3 常用富 Ar 混合气体的特点及应用范围

被焊材料	保护气体	化学性质	焊接方法	特点及应用范围
铝及其合金	Ar+(20%~90%)He Ar+(10%~75%)He	惰性	熔化极非熔化极	射流及脉冲射流过渡;电弧稳定,温度高,飞溅小,熔透能力大,焊缝成形好,气孔敏感性小;随着氦含量的增大,飞溅增大。适用于焊接厚铝板
不锈钢及高强度钢	Ar+2%CO_2	弱氧化性	熔化极	可简化焊前清理工作,电弧稳定,飞溅小,抗气孔能力强,焊缝力学性能好
	Ar+(1%~2%)CO_2	弱氧化性	熔化极	提高熔池的氧化性,降低焊缝金属的含氢量,克服指状熔深问题及阴极飘移现象,改善焊缝成形,可有效防止气孔、咬边等缺陷。用于射流电弧、脉冲射流电弧

续表 3-3

被焊材料	保护气体	化学性质	焊接方法	特点及应用范围
不锈钢及高强度钢	Ar+5%CO$_2$ +2%O$_2$	弱氧化性	熔化极	提高了氧化性,熔透能力大,焊缝成形较好,但焊缝可能会增碳;用于射流电弧、脉冲射流电弧及短路电弧
碳钢及低合金钢	Ar+(1%~5%)O$_2$ 或 Ar+20%OI$_2$	氧化性	熔化性	降低射流过渡临界电流值,提高熔池的氧化性,克服阴极漂移及指状熔深现象,改善焊缝成形;可有效防止氮气孔及氢气孔,提高焊缝的塑性及抗冷裂能力,用于对焊缝性能要求较高的场合,宜采用射流过渡
	Ar+(20%~30%)CO$_2$	氧化性	熔化极	可采用各种过渡形式,飞溅小,电弧燃烧稳定,焊缝成形较好,有一定的氧化性,克服了纯氩保护时阴极漂移及金属黏稠现象,防止指状熔深;焊缝力学性能优于纯氩作保护气体时的焊缝

(2)焊丝　常用氩弧焊焊丝见表 3-4。

表 3-4　氩弧焊焊丝

焊丝类型	型　　号	主　要　用　途
碳钢焊丝	ER50-3 ER50-4 ER50-5 ER50-6 ER50-7	适用于碳素钢和低合金钢焊接
	ER55-B2 ER55-B2-MnV	珠光体耐热焊丝,用于焊接 520℃ 以下的蒸气管道,高温容器(15CrMo 等合金钢)
低合金钢焊丝	ER62-B3	珠光体耐热焊丝,用于 Cr25Mo 类珠光体钢结构的焊接

　　现实中,在用的氩弧焊机使用的气体和焊丝均已由工艺文件规定,操作者只需核对其型号和规格即可使用而不必另行选择。

五、熔化极氩弧焊工艺

　　熔化极氩弧焊工艺基本要求是根据焊件材料的性质和厚度确定氩弧焊形式,选择相应的焊接工艺参数,并做好焊前准备工作。

　　焊前的准备工作包括选定接头形式,按要求加工坡口形状达到所要求的尺寸,清理焊件接口附近的锈迹油污,清理焊丝表面等。施焊前,针对工艺参数的要求,调节焊接系统处于待运行状态。

　　(1)铝合金薄板短路过渡熔化极氩弧焊焊接参数　铝合金的焊接宜采用 MIG

　　注:短路过渡系指焊接中焊丝端部的熔滴与熔池相接触(短路)使熔滴过渡到熔池的熔滴过渡类型。

焊接,保护气体是惰性的,在较低的焊弧电压条件下,采取短路过渡形式焊接,焊丝直径为 0.8mm～1.0mm。焊接参数见表 3-5。

表 3-5　铝合金短路过渡熔化极氩弧焊焊接参数

板厚 /mm	坡口形状及尺寸 /mm	焊接位置	焊接层数	焊接电流 /A	电弧电压 /V	焊接速度 /(mm /min)	焊丝直径 /mm	送丝速度 /(m /min)	气体流量 /(L /min)
2	0～0.5	全位置焊	1	70～85	14～15	400～600	0.8	—	15
		平焊	1	110～120	17～18	200～1400	1.2	5.9～6.2	15～18
1	0～0.2	全位置焊	1	40	14～15	500	0.8	—	14
2			1	70	14～15	300～400	0.8	—	10
			1	80～90	17～18	800～900	0.8	9.5～10.5	14

(2)不锈钢薄板短路过渡熔化极氩弧焊焊接参数　不锈钢焊接采用弱氧化性的氩和二氧化碳混合气体作保护气体的 MAG 焊,短路过渡适用于薄板焊接,其参数见表 3-6。

表 3-6　不锈钢短路过渡熔化极氩弧焊焊接参数

板厚 /mm	接头形式	焊丝直径 /mm	焊接电流 /A	电弧电压 /V	焊接速度 /(cm/min)	送丝速度 /(cm/min)	气体流量 /(L/min)
1.6		0.8	85	15	42.5～47.5	460	7.5～10
2.0		0.8	90	15	32.5～37.5	480	7.5～10
1.6		0.8	85	15	47.5～52.5	460	7.5～10
2.0		0.8	90	15	28.5～31.5	480	7.5～10

六、半自动熔化极氩弧焊操作要点

(1)引弧　常用短路引弧法。引弧前应先剪去焊丝端头的球形部分,否则,易造成引弧处焊缝缺陷。引弧前焊丝端部应与工件保持 2～3mm 的距离。引弧时焊丝与工件接触不良或接触太紧,都会造成焊丝成段爆断。焊丝伸出导电嘴的长度:细焊丝为 8～14mm,粗焊丝为 10～20mm。

(2)引弧板　为了消除在引弧端部产生的飞溅、烧穿、气孔及未焊透等缺陷,要求在引弧板上引弧,如不采用引弧板而直接在工件上引弧时,应先在离焊缝处 5～10mm 的坡口上引弧,然后再将电弧移至起焊处,待金属熔池形成后再正常向前焊接。

(3)定位焊　采用大电流,快速送丝,短时间的焊接参数进行定位焊,定位焊缝的长度,间距应根据工件结构截面形状和厚度来确定。

(4)左焊法和右焊法　根据焊炬的移动方向,熔化极气体保护焊可分为左焊法和右焊法两种。焊炬从右向左移动,电弧指向待焊部分的操作方法称为左焊法。焊炬从左向右移动,电弧指向已焊部分的操作方法称为右焊法。左焊法时熔深较浅,熔宽较大,余高较小,焊缝成形好;而右焊法时焊缝深而窄,焊缝成形不良。因此一般情况下采用左焊法。用右焊法进行平焊位置的焊接时,行走角一般保持在$5°\sim10°$。

(5)焊炬的倾角　焊炬在施焊时的倾斜角对焊缝成形有一定的影响。半自动熔化极氩弧焊时,左焊法和右焊法时的焊炬角度及相应的焊缝成形情况如图 3-5所示。不同焊接接头左焊法和右焊法的比较见表 3-7。

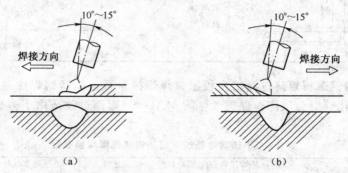

图 3-5　左焊法和右焊法

(a)左焊法　(b)右焊法

表 3-7　不同焊接接头左焊法和右焊法的比较

接头形式	左　焊　法	右　焊　法
薄板焊接 0.8～4.5 $G \geqslant 0$	可得到稳定的背面成形,焊道宽而余高小;G 较大时采用摆动法易于观察焊接线	易烧穿;不易得到稳定的背面焊道;焊道高而窄;G 大时不易焊接
中厚板的背面成形焊接 G　R $R,G \geqslant 0$	可得到稳定的背面成形,G 大时作摆动,根部能焊得好	易烧穿;不易得到稳定的背面焊道;G 大时最易烧穿
船形焊脚尺寸 达 10mm 以下	余高呈凹形,熔化金属向焊枪前流动,焊趾处易形成咬边;根部熔深浅(易造成未焊透);摆动易造成咬边,焊脚过大时难焊	余高平滑;不易发生咬边;根部熔深大;易看到余高,因熔化金属不导前,焊缝宽度、余高均容易控制

续表 3-7

接头形式	左 焊 法	右 焊 法
水平角焊缝焊接 焊脚尺寸 8mm 以下	易于看到焊接线而能正确地瞄准焊缝;周围易附着细小的飞溅	不易看到焊接线,但可看到余高,余高易呈圆弧状;基本上无飞溅;根部熔深大
水平横焊	容易看清焊接线;焊缝较大时也能防止烧穿;焊道齐整	熔深大、易烧穿;焊道成形不良,窄而高;飞溅少;焊道宽度和余高不易控制;易生成焊瘤
高速焊接 (平、立、横焊等)	可通过调整焊枪角度来防止飞溅	易产生咬边,且易呈沟状连续咬边;焊道窄而高

(6)不同位置熔化极氩弧焊操作要点

①板对接平焊。右焊法时电极与焊接方向夹角为 70°～85°,与两侧表面成 90°的夹角,焊接电弧指向焊缝,对焊缝起缓冷作用。左焊法时电极与焊接方向的反方向夹角为 70°～85°,与两侧表面成 90°夹角,电弧指向未焊金属,有预热作用,焊道窄而熔深小,熔融金属容易向前流动,左焊法焊接时,便于观察焊接轴线和焊缝成形。焊接薄板短焊缝时,电弧直线移动,焊长焊缝时,电弧斜锯齿形横向摆动幅度不能太大,以免产生气孔。焊接厚板时,电弧可作锯齿形或圆形摆动。

②T 形接头平角焊。采用长弧焊右焊法时,电极与垂直板夹角为 30°～50°,与焊接方向成夹角为 65°～80°,焊丝轴线对准水平板处距垂直立板根部为 1～2mm。采用短弧焊时,电极与垂直立板成 45°,焊丝轴线直接对准垂直立板根部,焊接不等厚度时电弧偏向厚板一侧。

③搭接平角焊。上板为薄板的搭接接头,电极与厚板夹角为 45°～50°,与焊接方向成夹角为 60°～80°,焊丝轴线对准上板的上边缘。上板为厚板的搭接接头,电极与下板成 45°的夹角,焊丝轴线对准焊缝的根部。

④板对接的立焊。采用自下而上的焊接方法,焊接熔深大,余高较大,用三角形摆动电弧适用于中、厚板的焊接。自上而下的焊接方法,熔池金属不易下坠,焊缝成形美观,适用于薄板焊接。

七、熔化极氩弧焊应用示例

T3 铜管与 1Cr18Ni9Ti 不锈钢的熔化极氩弧焊的焊接结构如图 3-6 所示。该结构用于散热器设备上,需将纯铜 T3 和奥氏体不锈钢焊成一体。

奥氏体不锈钢和纯铜两种材料的物理性能差异较大,加上焊缝化学成分的作用,焊接时,在焊缝及熔合区容易产生热裂纹、气孔、接头不熔合等缺陷。只有通过正确的操作方法才能保证质量。

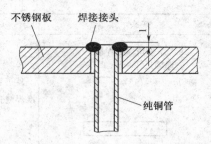

图 3-6　T3 管与 1Cr18Ni9Ti 板接头形式

(1)焊接参数的选择

①焊丝。由于镍无论在液态和固态都能与铜无限互熔,焊接时用纯镍作填充材料,能很好地排除铜的有害作用,有效地防止裂纹,所以选用纯镍焊丝,直径为 2mm。

②喷嘴口径及气体流量。熔化极氩弧焊对熔池的保护要求较高,保护不良,焊缝表面起皱皮,所以喷嘴口径为 20mm,氩气流量为 35~40L/min。

③电源极性。为保证电弧稳定性,选用较好直流熔化极焊机,反极性,焊接电流为 90~210A。

(2)焊前准备

①不锈钢管板与纯铜管均不开坡口,纯铜管外伸端至不锈钢板的距离为 1mm,以便焊接,T3 管与 1Cr18Ni9Ti 板接头形式如图 3-6 所示。

②对工件表面的油污、水分等杂质进行清理干净。

③用丙酮擦洗不锈钢,并用白垩粉涂其表面(除焊缝处外),以避免表面被飞溅损伤。

④焊丝应除去油污、水分等杂质。使焊接接头处于平焊位置。

(3)操作要点

①在引弧板上引弧后,待电弧稳定后慢慢移向焊缝。

②焊炬倾角 70°~85°,喷嘴至工件距离为 5~8mm。

③焊嘴运作方式为电弧先移向纯铜管,待纯铜管熔化后再移向不锈钢,保持电弧中心稍偏向纯铜管。

④在焊接过程中,根据电流波动大小,密切注意焊接速度与焊缝熔合的相互关系,及时调整焊炬环形移动速度,使熔池得到充分的保护。收弧时要填满弧坑。

⑤一道焊缝完成一条焊缝后,应用木槌锤击焊缝附近区域,以消除焊接应力。

⑥焊件焊接完毕,清除表面的白垩粉残渣,用铜丝刷清理焊接表面。

八、熔化极气体保护焊常见缺陷及预防措施(表 3-8)

表 3-8　熔化极气体保护焊常见缺陷及预防措施

缺陷现象	产生原因	预防措施
夹渣	1. 采用短路电弧进行多道焊 2. 焊接速度过高	1. 在焊接下一道焊缝前仔细清理焊道上发亮的渣壳 2. 适当降低焊接速度,采用含脱氧剂较高的焊丝,提高电弧电压

续表 3-8

缺陷现象	产生原因	预防措施
裂纹	1. 焊缝的深度比过大 2. 焊缝末端的弧坑冷却快 3. 焊道太小(特别是角接焊缝和根部焊道)	1. 适当提高电弧电压或减小焊接电流,以加宽焊道而减小熔深 2. 适当地填满弧坑并采用衰减措施减小冷却速度 3. 减小行走速度,加大焊道横截面
烧穿	1. 热输入过大 2. 坡口加工不当	1. 减小电弧电压和送丝速度,提高焊接速度 2. 加大钝边,减小根部间隙
气孔	1. 气体保护不好 2. 焊件被污染 3. 电弧电压太高 4. 焊丝被污染 5. 焊嘴与工件的距离太大	1. 增加保护气体流量以排除焊接区的全部空气;清除气体喷嘴处飞溅物,使保护气体均匀;焊接区要有防止空气流动措施,防止空气侵入焊接区;减小喷嘴与焊件的距离;保护气体流量过大时,要适当减小流量 2. 焊前仔细清除焊件表面上的油、污、锈、垢,采用含脱氧剂较高的焊丝 3. 减小电弧电压 4. 焊前仔细清除焊丝表面油、污、锈、垢 5. 减小焊丝伸出长度
未焊透	1. 坡口加工不当 2. 焊接技术较低 3. 热输入不合格 4. 焊接电流不稳定	1. 适当减小钝边或增加根部间隙 2. 使焊丝角度保证焊接时获得最大熔深,电弧始终保持在焊接熔池的前沿 3. 提高送丝速度以获得较高的焊接电流,保持喷嘴与工件的适当距离 4. 增加稳压电源装置或避开用电高峰
未熔合	1. 焊接部位有氧化膜和锈皮 2. 热输入不足 3. 焊接操作不当 4. 焊接接头设计不合理	1. 焊前仔细清理待焊处表面 2. 提高送丝速度、电弧电压,减小行走速度 3. 采用摆动动作在坡口面上有瞬时停歇,焊丝在熔池的前沿 4. 坡口夹角要符合标准,改 V 形坡口为 U 形

第三节　二氧化碳气体保护焊

二氧化碳气体保护焊是以 CO_2 作为保护气体的熔化电极电弧焊,简称 CO_2 焊。CO_2 气体密度较大,且受电弧加热后体积膨胀较大,所以隔离空气、保护熔池的效果较好,但 CO_2 是一种氧化性较强的气体,在焊接过程中会使合金元素烧损,产生气孔和金属飞溅,故需用脱氧能力较强的焊丝或添加焊剂来保证焊接接头的冶金质量。

二氧化碳气体保护焊按焊丝可分为细丝(直径<1.6mm)、粗丝(直径≥1.6mm)和药芯焊丝 3 种。按操作方法不同可分为半自动和自动 CO_2 焊两种。

一、概述

(1)二氧化碳气体保护焊原理

二氧化碳气体保护焊是采用 CO_2 作为保护气体,使焊接区和金属熔池不受外界空气的侵入,依靠焊丝和工件间产生的电弧热来熔化金属的一种熔化极气体保护焊,焊丝由送丝机构通过软管经导电嘴送出,而 CO_2 气体从喷嘴内以一定的流量喷出,这样当焊丝与焊件接触引燃电弧后,连续送给的焊丝末端和熔池被 CO_2 气流所保护,防止了空气对熔化金属的危害作业,从而保证获得高质量的焊缝。二氧化碳气体保护焊焊接原理如图 3-7 所示。

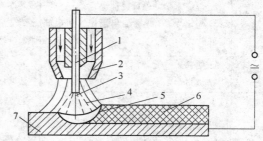

图 3-7　二氧化碳气体保护焊焊接原理
1. 焊丝　2. 喷嘴　3. 电弧　4. CO_2 气流
5. 熔池　6. 焊缝　7. 焊件

(2)二氧化碳气体保护焊的特点

①焊接熔池与大气隔绝,对油、锈敏感性较低,可以减少焊件及焊丝的清理工作。电弧可见性良好,便于对中,操作方便,易于掌握熔池熔化和焊缝成形。

②电弧在气流的压缩下使热量集中,工作受热面积小,热影响区窄,加上 CO_2 气体的冷却作用,因而焊件变形和残余应力较小,特别适用于薄板的焊接。

③电弧的穿透能力强,熔深较大,对接焊件可减少焊接层数。对厚 10mm 左右的钢板可以开 I 形坡口一次焊透,角接焊缝的焊脚尺寸也可以相应地减小。

④焊后无焊接熔渣,所以在多层焊时就无需中间清渣。焊丝自动送进,容易实现自动操作,短路过渡技术可用于全位置及其他空间焊缝的焊接,生产率高。

⑤抗锈能力强,抗裂性能好,焊缝中不易产生气孔,所以焊接接头的力学性能好,焊接质量高。CO_2 气体价格低,焊接成本低于其他焊接方法,仅相当于埋弧焊和焊条电弧焊的 40% 左右。

⑥CO_2 焊机的价格比焊条电弧焊机高。大电流焊接时,焊缝表面成形不如埋弧焊和氩弧焊平滑,飞溅较多。为了解决飞溅的问题,可采用药芯焊丝,或者在 CO_2 气体中加入一定量的氩气形成混合气体保护焊。

⑦室外焊接时,抗风能力比焊条电弧焊弱。半自动 CO_2 焊焊炬重,焊工在焊接时劳动强度大。焊接过程中合金元素烧损严重。如保护效果不好,焊缝中易产生气孔。

(3)二氧化碳气体保护焊的应用范围

①CO_2 焊适用范围广,可进行各种位置焊接。常用于焊接低碳钢及低合金钢等钢铁材料和要求不高的不锈钢及铸铁焊补。

②不仅适用焊接薄板,还常用于中厚板焊接。薄板可焊到 1mm 左右,厚板采用开坡口多层焊,其厚度不受限制。

CO_2 焊是目前广泛应用的一种电弧焊方法,主要用于汽车、船舶、管道、机车车辆、集装箱、矿山和工程机械、电站设备、建筑等金属结构的焊接。

(4)二氧化碳气体保护焊的熔滴过渡特性

所谓熔滴过渡就是金属熔滴从焊丝末端过渡到焊接熔池的过程。CO_2 焊熔滴过渡特点是电弧在熔滴的下半部产生,而且电弧比较集中,熔滴尺寸大而不规则,并在偏离轴线的位置过渡,如图 3-8 所示。

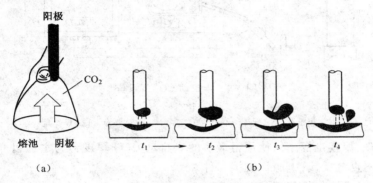

图 3-8 CO_2 焊熔滴过渡

(a)CO_2 焊熔滴过渡 (b)CO_2 焊熔滴过渡过程

CO_2 焊熔滴过渡过程如图 3-8b 所示。在 t_1 时,熔滴开始形成,由于阴极喷射的作用,使熔滴偏离轴线位置;t_2 时,熔滴体积增大,仍然在偏离轴线的位置;t_3 时,熔滴开始脱离焊丝;t_4 时,熔滴断开,落于熔池或飞溅到熔池外面。CO_2 焊熔滴从焊丝末端向熔池过渡也有 3 种形式,即短路过渡、滴状过渡和细颗粒过渡。在一般情况下,主要采用短路过渡和细颗粒过渡两种形式。

短路过渡是 CO_2 焊最普遍的一种方式。在 CO_2 焊时,利用短弧、小电流,在电磁力、表面张力和金属蒸气(高温下)爆破力的作用下,促使熔滴从焊丝末端"浸入"熔池。

短路过渡时,熔滴经常使焊丝和熔池产生短路,而且短路的次数很多。在采用直径为 0.8mm 的焊丝焊接时,其短路次数为每秒 $100 \sim 150$ 次,使用更细的焊丝时,则短路次数更多。短路过渡时配合细焊丝、小电流、低电弧电压,在薄板和全位置焊接中获得广泛的应用,得到了满意的效果。

二、二氧化碳气体保护焊设备的配置

半自动 CO_2 焊和自动 CO_2 焊所用设备基本相同,如图 3-9 所示,半自动 CO_2 焊设备主要由焊接电源、供气系统、送丝系统、焊炬和控制系统组成。而自动 CO_2 焊设备仅多一套焊炬与工件相对运动的机构,或者采用焊接小车进行自动操作。

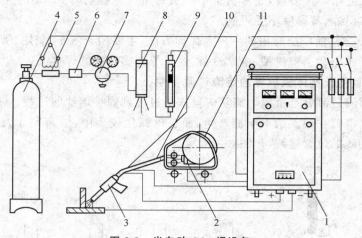

图 3-9　半自动 CO_2 焊设备

1. 电源　2. 送丝机　3. 焊炬　4. 气瓶　5. 预热器　6. 高压干燥器
7. 减压器　8. 低压干燥器　9. 流量计　10. 软管　11. 焊丝盘

（1）CO_2 焊接电源　以使用得最多的半自动 CO_2 焊设备为主加以介绍。CO_2 焊一般采用直流反接（电源负极接工件）。

（2）供气系统　供气系统的作用是将钢瓶内的液态 CO_2 变成合乎要求的、具有一定流量的气态 CO_2，并及时地输送到焊枪。如图 3-10 所示，CO_2 供气系统由气瓶、预热器、干燥器、减压流量计及气阀等组成。

（3）水路系统　系统中通以冷却水，用于冷却焊炬及电缆。通常水路中设有水压开关，当水压太低或断水时，水压开关将断开控制系统电源。使焊机停止工作，保护焊炬不被损坏。

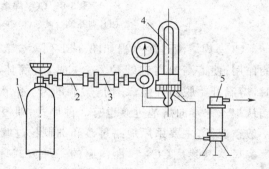

图 3-10　CO_2 供气系统

1. 气瓶　2. 预热器　3. 高压干燥器
4. 减压流量计　5. 低压干燥器

（4）送丝系统　半自动 CO_2 焊通常采用等速送丝系统，送丝方式有推丝式、拉丝式和推拉式 3 种。目前生产中应用最广的是推丝式，该系统包括送丝机构、调速器、送丝软管、焊丝盘和焊炬等，如图 3-11 所示。

（5）焊炬　焊炬用于传导焊接电流、导送焊丝和 CO_2 保护气体。其主要零件有喷嘴和导电嘴。焊炬按其应用不同分为半自动焊炬和自动焊炬；按其形式不同分为鹅颈式和手枪式；按送丝方式不同分为推丝式和拉丝式；按冷却方式不同分为空冷式和水冷式。自动焊炬的基本构造与半自动焊炬相同，但其载流容量较大，工作时间较长，一般都采用水冷式。粗丝水冷自动焊炬构造如图 3-12 所示。

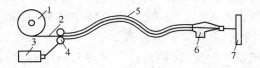

图 3-11　半自动 CO_2 焊的推丝式系统

1. 焊丝盘　2. 焊丝　3. 送丝电动机　4. 送丝轮　5. 软管　6. 焊炬　7. 工件

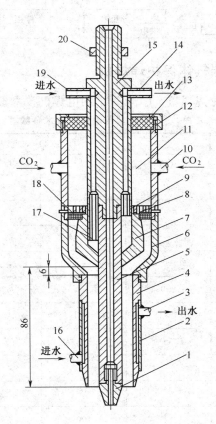

图 3-12　粗丝水冷自动焊炬构造

1. 导电嘴　2. 喷嘴外套　3、14. 出水管　4. 喷嘴内套　5. 下导电杆　6. 外套
7. 纺锤形体内套　8. 绝缘衬套　9. 出水接管　10. 进气管　11. 气室　12. 绝缘压块　13. 背帽
15. 上导电杆　16、19. 进水管　17. 进水连接管　18. 铜丝网　20. 螺母

(6)控制系统　控制系统的功能是在 CO_2 焊时,使焊接电源、供气系统、送丝系统实现程序控制。自动焊时,还要控制焊车行走或工件转动等。

①送丝控制。控制送丝电动机,保证完成正常送丝和制动动作,调整焊接前的焊丝伸出长度,并对网路电压波动有补偿作用。

②供电控制。主要是控制弧焊电源。供电在送丝前或与送丝同时进行;停电

在停止送丝之后进行,以避免焊丝末端与熔池粘结,保证收尾良好。

③供气系统控制。对供气系统的控制大致分四步进行:第一步预调气,按工艺要求调节 CO_2 气体流量;第二步引弧提前 2~3s 给电弧区送气,然后进行引弧;第三步在焊接过程中控制均匀送气;第四步是在停弧后应继续送气 2~2s 使熔化金属在凝结过程中仍得到保护。磁气阀采用延时继电器控制,也可由焊工利用焊枪上的开关直接控制供气。

④控制程序。CO_2 焊焊接程序控制顺序如下:

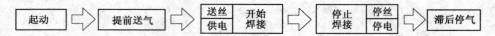

三、典型二氧化碳气体保护焊焊机

(1)常用半自动 CO_2 焊焊机　CO_2 焊常用电焊机技术参数见表 3-9。

表 3-9　CO_2 焊常用电焊机技术参数

焊机名称及型号	半自动 CO_2 焊电焊机			
	NBC-200	NBC1-200	NBC1-300	NBC1-500
电源电压/V	380	220/380	380	380
空载电压/V	17~30	14~30	17~30	75
工作电压/V	17~30	14~30	17~30	15~42
电流调节范围/A	40~200	—	50~300	—
额定焊接电流/A	200	200	300	500
焊丝直径/mm	0.5~1.2	0.8~1.2	0.8~1.4	0.8~2
送丝速度/(m/min)	1.5~9	1.5~15	2~8	1.7~17
焊接速度/(m/min)	—	—	—	—
气体流量/(L/min)	—	25	20	25
额定负载持续率(%)		100	70	60
配用电源	硅整流电源	ZPG-200 型电源	可控硅整流电源	ZPG1-500 型电源
适用范围	拉式半自动焊机,适用于 0.6~4mm 厚低碳钢薄板的焊接	推式半自动焊机,适用于低碳钢薄板的焊接	推式半自动焊机,适用于低碳钢板焊接	推式半自动焊机,冷却水耗量 1L/min。适用于中、厚低碳钢板的焊接

(2)CO_2焊焊机型号识读示例

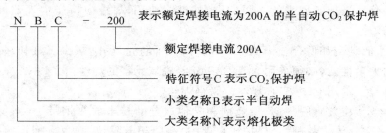

$$N\;\;B\;\;C\;\;-\;\;200\quad\text{表示额定焊接电流为200A的半自动}CO_2\text{保护焊}$$

额定焊接电流200A

特征符号C表示CO_2保护焊

小类名称B表示半自动焊

大类名称N表示熔化极类

(3)半自动 CO_2 焊焊机的正确使用

①按要求接好供气系统。接通焊接电源,合上控制电源开关。打开 CO_2 气瓶上的气阀,合上检气开关。调节 CO_2 气体流量至预定值,然后关闭检气开关。

②安装好焊丝盘,根据焊丝直径选择送丝滚轮上的刻槽和导电嘴孔径,将焊丝伸入送丝滚轮,并进入送丝管。适当地压紧送丝滚轮。合上焊炬的开关,使焊丝从软管送出导电嘴后关上焊炬上的开关。也可合上送丝机上的开关,这时送丝速度比合上焊炬开关时的送丝速度快。

③调节焊接电流和焊接电压旋钮至预定值。用一块废钢板进行试焊,进行焊接参数调节,直至试焊焊缝成形良好。试焊时只需合上焊枪的开关,使焊丝末端与试板接触引弧。如开始时焊丝伸出导电嘴较长,可用钢丝钳剪断,使焊丝伸出导电嘴 10~20mm,也可将焊炬倾斜较大的角度进行刮擦引弧。这样就能将焊丝多余的部分熔断。合上焊炬上的开关引弧后进行焊接。

④结束焊接时关闭焊炬上的开关,填满收弧处弧坑,电弧自然熄灭,移开焊枪。关上焊机上的电源开关,关好 CO_2 气瓶上的瓶阀,结束焊接。

四、二氧化碳气体保护焊焊接材料

(1)CO_2 气体

1)CO_2 气体的存储。CO_2 气体是一种无色无味的气体。工业中所使用的 CO_2 气体多是酿造企业或化工企业的副产品。

焊接用的 CO_2 气体都是用钢瓶充装,便于运输和存储。CO_2 气体钢瓶外表漆成黑色,并标注黄色 CO_2 字样。使用前应对瓶装 CO_2 气体进行提纯处理,减少其中的水分和空气。

2)CO_2 气体提纯。

①将气瓶倒立静止 1~2h,然后打开瓶阀,把沉积于下部的自由状态的水排出,根据瓶中含水的不同,可放水 2~3 次,每隔 30min 放一次,放水结束后将气瓶放正。

②经放水处理后的气瓶,在使用前先放气 2~3min,放掉气瓶上部分的气体。

③在气路系统中,设置高压干燥器,进一步减少 CO_2 气体中的水分。一般用硅胶或脱水硫酸铜作干燥剂,用过的干燥剂经烘干后可反复使用。

④瓶中气压降到1MPa时不再使用,因为当瓶内气压降到1MPa以下时,CO_2气体中所含水分将增加到原来的3倍左右,如继续使用,焊缝中将产生气孔,并降低焊接接头的塑性。

(2)焊丝　低碳钢和低合金钢的CO_2焊时,为了防止气孔,减少飞溅和保证焊缝具有较高的力学性能,必须采用含有Si、Mn等脱氧元素的焊丝。

①实心焊丝。常用CO_2实心焊丝为碳钢焊丝。

②药芯焊丝。将含有脱气剂、稳弧剂和其他成分的粉末放在钢带上经包卷后拉拔而成,可采用气体、焊剂联合保护或自保护,适用于金属结构焊接、推焊等。如图3-13所示,药芯焊丝截面形状有E形、T形、O形、中间填丝形和梅花形等。常用药芯焊丝用途见表3-10。

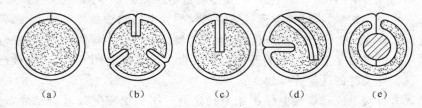

图3-13　药芯焊丝截面形状
(a)O形　(b)梅花形　(c)T形　(d)E形　(e)中间填丝形

表3-10　常用药芯焊丝的用途

型号	说明及用途
EF01-5020 EF01-5005	采用特制钢带轧制成的氧化钛钙型渣系的焊丝。直流反接,焊接工艺性能优良。可用于重要的低碳钢及500MPa级低合金钢的焊接,如机械制造、压力容器、船舶、石油、化工等重要结构
EF03-5040	采用特制钢带轧制成的低氢型CO_2焊丝,采用直流反接,焊接工艺性能良好。可用于重要的低碳钢及500MPa等级的普通低碳钢的焊接
EF03-5005	碱性渣系高韧性药芯焊丝,熔敷金属含Ni-Ti-B元素,具有在低温下优良的冲击韧性及断裂韧性,采用直流反接。用于重要低合金钢焊接结构,如桥梁、造船、机械、冶金、化工、车辆等及低温韧性要求较高的结构
EF04-5020	自保护药芯焊丝,具有焊接工艺性能良好、电弧稳定、飞溅少、脱渣容易、焊缝成形美观,抗气孔能力强等特点。采用直流反接,适用于冶金高炉、船舶、桥梁等结构的焊接
EF04-5042	自保护药芯焊丝,直流反接,焊接工艺性能良好,熔敷金属具有较好的低温冲击韧性。用于焊接重要的低碳钢中、厚板结构

五、二氧化碳气体保护焊工艺

(1)焊前准备

①焊接设备电路、水路、气路检查。焊前要对焊接设备电路、水路、气路进行仔细检查,确认其全部正常后,方可开机工作,以免由于焊接设备故障而造成焊接缺陷。

②送丝系统检查。送丝系统的检查主要是针对自焊丝盘到焊炬的整个送丝途径。

③坡口加工和装配间隙。短路过渡时熔深浅,因此钝边可以小些,也可以不留钝边,间隙可以适当大些。如要求较高时,装配间隙应≤1.5mm。

④焊前清理。为了获得稳定的焊接质量,焊前应对工件焊接部位和焊丝表面的油、锈、水分等脏物进行仔细的清理,清理要求比焊条电弧焊要求高。

⑤定位焊。定位焊可采用焊条电弧焊或直接采用半自动 CO_2 焊进行,定位焊的焊缝长度和间距应根据材料厚度和结构形式来确定。一般定位焊长度为 $30\sim50\text{mm}$,间距为 $100\sim300\text{mm}$。

(2)主要焊接参数的选择　CO_2 焊通常采用短路过渡及细颗粒过渡工艺。

①电源极性。短路过渡及颗粒过渡的普通焊接采用反接法(电源负极接工件),电弧稳定,飞溅小。

②焊丝直径。半自动 CO_2 焊用的焊丝直径小于 $\phi1.6\text{mm}$;自动焊则用大于 $\phi1.6\text{mm}$ 的焊丝。

③电流和电弧电压。焊接电流和电弧电压与焊丝直径有关,见表 3-11。

表 3-11　不同直径焊丝 CO_2 焊对应的焊接电流和电弧电压

焊丝直径/mm	短路过渡		颗粒过渡	
	焊接电流/A	电弧电压/V	焊接电流/A	电弧电压/V
0.5	30～60	16～18	—	—
0.6	30～70	17～19	—	—
0.8	50～100	18～21	—	—
1.0	70～120	18～22	—	—
1.2	90～150	19～23	160～400	25～38
1.6	140～200	20～24	200～500	26～40
2.0	—	—	200～600	26～40
2.5	—	—	300～700	28～42
3.0	—	—	500～800	32～44

(3)CO_2 焊常用焊接参数

①短路过渡 CO_2 焊焊接参数见表 3-12。

表 3-12　短路过渡 CO_2 焊焊接参数

板厚/mm	接头形式	装配间隙/mm	焊丝直径/mm	伸出长度/mm	焊接电流/A	电弧电压/V	焊接速度/(mm/min)	气体流量/(L/min)	备注
1		0～0.5	0.8	8～10	60～65	20～11	50	7	1.5mm 厚垫板
		0～0.3	0.8	6～8	35～40	18～18.5	42	7	单面焊双面成形

续表 3-12

板厚/mm	接头形式	装配间隙/mm	焊丝直径/mm	伸出长度/mm	焊接电流/A	电弧电压/V	焊接速度/(mm/min)	气体流量/(L/min)	备注
		0.5~0.8	1.0	10~12	110~120	22~23	45	8	2mm 厚垫板
1.5		0~0.5	1.0	10~12	60~70	20~21	50	8	单面焊双面成形
			0.8	8~10	65~70	19.5~20.5	50	7	
		0~0.3	0.8	8~10	45~50	18.5~19.5	52	7	—
					55~60	19~20			
2		0.5~1	1.2	12~14	120~140	21~23	50	8	—
		0~0.8	1.2	12~14	130~150	22~24	45	8	2mm 厚垫板
		0~0.5	1.2	12~14	85~95	21~22	50	8	单面焊双面成形
2			1.0	10~12	85~95	20~21	45	8	
			0.8	8~10	75~85	20~21	42	7	
		0~0.5	1.0	10~12	50~60	19~20	50	8	—
2					60~70				
			0.8	8~10	55~60	19~20	50	7	—
					65~70				
		0~0.8	1.2	12~14	95~105	21~22	50	8	—
3					110~130				
		0~0.8	1.0	10~12	95~105	21~22	42	8	—
					100~110				
4		0~0.8	1.2	12~14	110~130	22~24	50	8	—
					140~150				

②细颗粒过渡 CO_2 焊焊接参数（平焊）见表 3-13。

表 3-13　细颗粒过渡 CO_2 焊焊接参数（平焊）

钢板厚度/mm	焊丝直径/mm	坡口形式	焊接电流/A	电弧电压/V	焊接速度/(m/h)	气体流量/(L/min)	备注
3~5	1.6	0.5~0.2	140~180	23.5~24.5	20~26	~15	焊接层数 1~2
			180~200	28~30	20~22	~24	
6~8	2.0	1.8~2.2	280~300	29~30	25~30	16~18	焊接层数 1~2

续表 3-13

钢板厚度/mm	焊丝直径/mm	坡口形式	焊接电流/A	电弧电压/V	焊接速度/(m/h)	气体流量/(L/min)	备注
8	1.6	(90°坡口)	320～350	40～42	20～40	16～18	
	1.6	(90°坡口)	450	40～41	29	16～18	用铜垫板,单面焊双面成形
	2.0	(1.8～2.2)	280～300	28～30	16～20	18～20	焊接层数2～3
	2.0	(对接)	400～420	34～36	27～30	16～18	
	2.5	(90°坡口)	450～460	35～36	24～28	16～18	用铜垫板,单面焊双面成形
	2.5	(坡口)	300～650	41～42	24	16～20	用铜垫板,单面焊双面成形
8～12	2.0	(1.8～2.2)	280～300	28～30	16～20	18～20	焊接层数2～3
16	1.6	(60°坡口)	320～350	34～36	16～24	18～20	

③CO_2 焊角焊缝的焊接参数见表 3-14。

表 3-14　CO_2 焊角焊缝的焊接参数

板厚/mm	焊脚尺寸/mm	焊丝直径/mm	焊接电流/A	电弧电压/V	焊丝伸出长度/mm	焊接速度/(m/h)	气体流量/(L/min)	焊接位置
0.8～1	1.2～1.5	$\phi0.7～\phi0.8$	70～110	17～19.5	8～10	30～50	6	平、立、仰焊
1.2～2	1.5～2	$\phi0.8～\phi1.2$	110～140	18.5～20.5	8～12	30～50	6～7	
≥2～3	2～3	$\phi1～\phi1.4$	150～210	19.5～23	8～15	25～45	6～8	
4～6	2.5～4		170～350	21～32	10～15	23～45	7～10	平、立焊
≥5	5～6	$\phi1.6$	260～280	27～29	18～20	20～26	16～18	平焊

六、半自动二氧化碳气体保护焊操作要点

半自动 CO_2 焊操作与焊条电弧焊最大的区别是焊丝自动送进,其他方面与焊条电弧焊有很多相似之处。

(1)焊炬的握法及操作姿势　一般用右手握焊,并随时准备用此手控制焊把上

的开关,左手持面罩或使用头盔式面罩。根据焊缝所处位置,焊工成下蹲或站立姿势,脚跟要站稳,上半身略向前倾斜,焊炬应悬空,不要依靠在工件上或身体某个部位,否则焊炬移动会因此受到限制。焊接不同位置焊缝时的正确持炬姿势如图3-14所示。

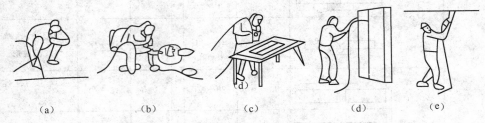

(a)　　　　　　(b)　　　　　　(c)　　　　　　(d)　　　　(e)

图 3-14　正确持炬姿势

(a)蹲位平焊　(b)坐位平焊　(c)站位平焊　(d)站位立焊　(e)站位仰焊

(2)引弧

①如焊丝有球状端头先剪除,使焊丝伸出导电嘴 10～20mm。

②在起弧处提前送气 2～3s,排除待焊处的空气。

③引弧前先点动送出一段焊丝,焊丝伸出长度为 6～8mm。

④将焊炬保持合适的倾角,焊丝端部离开工件或引弧板(对接焊缝可采用引弧板)的距离为 2～4mm,合上焊炬的开关,焊丝下送,焊丝与焊件短路后自动引燃电弧(短路时焊炬有自动顶起倾向,故要稍用力下压焊炬)。

⑤引弧时焊丝与工件不要接触太紧,否则有可能引弧焊丝成段烧断。应在焊缝上距起焊处 3～4mm 的部位引弧后缓慢向起焊处移动,并进行预热。

⑥电弧引燃后,缓慢返回端头。熔合良好后,以正常速度施焊。引弧过程如图3-15 所示。

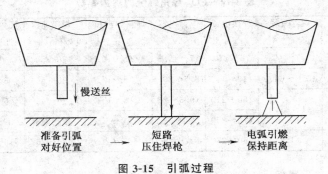

准备引弧　　　　短路　　　　电弧引燃
对好位置　　　　压住焊枪　　　保持距离

图 3-15　引弧过程

(3)焊接

①左焊法及右焊法。半自动 CO_2 焊的操作方法,按其焊枪的移动方向可分为左焊法及右焊法两种,如图 3-16 所示。

采用左焊法时,喷嘴不会挡住视线,焊工能清楚地观察接缝和坡口,不易焊偏。

熔池受电弧的冲刷作用较小，能得到较大的熔宽，焊缝成形平整美观。因此，该方法应用得较为普遍。

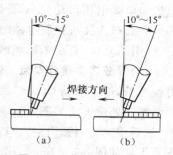

图 3-16　右焊法及左焊法

（a）右焊法　（b）左焊法

采用右焊法时，熔池可见度及气体保护效果较好，但因焊丝直指焊缝，电弧对熔池有冲刷作用，易使焊波增高，不易观察接缝，容易焊偏。

②由于焊接时电弧有一个向上的反弹力，因此，掌握焊炬的手应用力向下按住使焊丝伸出长度保持不变。在焊接过程中，要尽量用短弧焊接，并使焊丝伸出长度的变化最小，同时要保持焊炬合适的倾角和喷嘴高度，沿焊接方向均匀移动。焊接较厚工件时，焊炬可稍做横向摆动。焊炬的摆动形式及应用范围见表 3-15。

表 3-15　焊炬的摆动形式及应用范围

摆　动　形　式	用　　途
	薄板及中厚板打底焊道
两侧停留0.5s左右	坡口小时及中厚板打底焊道
	焊厚板第二层以后的横向摆动
	填角焊或多层焊时的第一层
两侧停留0.5s左右	坡口大时
	坡口大时
⑧　　⑥⑦④　⑤②　　③　　①	焊薄板根部有间隙、坡口有钢垫板或施工物时

CO_2 焊一般采用左焊法，焊炬由右向左移动，以便清晰地掌握焊接方向不致焊偏。焊炬及焊缝轴线（焊接方向的相反方向）成 $70°\sim80°$ 的夹角。根据焊缝所处位置及焊缝所要求的高度，在焊接时，焊炬可做适当的横向摆动，摆动的方向与焊条电弧焊相同。

(4)收弧

①焊机有弧坑控制电路时，则焊炬在收弧处停止前进，同时接通此电路，焊接

电流与电弧电压自动变小,待熔池填满时断电。

②焊机无弧坑控制电路时,在收弧处焊炬停止前进,并在熔池未凝固时,反复断弧、引弧几次,直至弧坑填满为止,操作时动作要快。

(5)焊缝接头操作要点　CO_2 焊时焊丝是连续送进,不像焊条电弧焊那样需要更换焊条,但半自动 CO_2 焊较长焊缝是由短焊缝组成,必须考虑焊缝接头的质量。焊缝接头处理方法如图 3-17 所示。当无摆动焊接时,可在火口前方约 20mm 处引弧,然后快速将电弧引向火口,待熔化金属充满火口时,立即将电弧引向前方,进行正常焊接如图 3-17a 所示。摆动焊时,也是在火口前方约 20mm 处引弧,然后立即快速将电弧引向火口,到达火口中心后即开始摆动并向前移动,同时加大摆幅转入正常焊接过程如图 3-17b 所示。

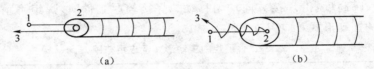

(a)　　　　　　　　　　(b)

图 3-17　接头处理方法

(a)无摆动焊　(b)摆动焊

1. 引弧处　2. 火口处　3. 焊丝运动方式

(6)平焊位置焊接操作要点　平焊位置焊接操作要点见表 3-16。

表 3-16　平焊位置焊接操作要点

焊接	示　意　图	操　作　要　点
平 焊	75°～80° 平对接焊缝	1. 焊炬与焊件的夹角为 75°～80°,坡口角度及间隙小时,采用直线式右焊法,坡口角度大及间隙大时,采用小幅摆动左焊法 2. 夹角不能过小,否则保护效果不好,易出气孔 3. 焊接厚板时,为得到一定的焊缝宽度,焊炬可做适当的横向摆动,但焊丝不应插入对缝的间隙内 4. 焊盖面焊之前,应使焊道表面平坦,焊道平面低于工件表面 1.5～2.5mm,以保证盖面焊道质量
	35°～50° 1～2 T 形接头横角焊缝	1. 单道焊时最大焊脚为 8mm。焊炬指向位置如左图,采用左焊法;一般焊接电流应为 350～360A,技术不熟练者应<300A 2. 若采用长弧焊,焊炬与垂直板成 35°～50°(一般为 45°)的角度;焊丝轴线对准水平板处距角缝顶端 1～2mm 3. 若采用短弧焊,可直接将焊丝对准两板的交点,焊炬与垂直板的角度大约为 45°

续表 3-16

焊接	示　意　图	操　作　要　点
平焊	T 形接头多层焊	焊脚为 8～12mm 时，采用两层焊，第一层使用较大电流，焊炬与垂直板夹角减小，并指向距根部 2～3mm 处（如左图①所示），第二层焊道应以小电流施焊，焊炬指向第一层焊道的凹陷处，采用左焊法即得到表面平滑的等焊脚角焊缝；焊脚超过 12mm 时，采用三层以上的焊道，这时焊炬角度与指向应保证最后得到等焊脚和光滑均匀的焊道
	搭接焊缝	上板为薄板时，对准 A 点；上板为厚板时，对准 C 点

七、二氧化碳气体保护焊应用示例

焊接结构如图 3-18 所示的板对板对接结构。

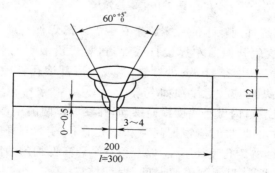

图 3-18　焊件及坡口尺寸

(1)焊前准备

①焊件材料和尺寸：两块厚度为 12mm 的 Q345 钢板对接成 300mm×400mm 焊件，坡口尺寸如图 3-18 所示。

②焊接要求单面焊双面成形。

③焊丝：材料为 H08Mn2SiA，直径 ϕ1.2mm。

④焊机型号：NBC-400。

(2)焊件装配

①钝边 0～0.5mm。清除坡口内及坡口正反两侧 20mm 范围内油、锈、水分及

其他污物,至露出金属光泽。

②装配间隙为 3~4mm。采用与焊件材料牌号相同的焊丝进行定位焊,并点焊于焊件坡口两端,焊点长度为 10~15mm。

③预置反变形量 $\theta30°$,错边量≤1.2mm。(参考图 1-23)

(3)焊接参数　对接平焊焊接参数见表 3-17。

表 3-17　对接平焊焊接参数

焊接层次	焊丝直径/mm	焊丝伸出长度/mm	焊接电流/A	电弧电压/V	气体流量/(L/min)
打底焊			90~110	18~20	10~15
填充焊	1.2	20~25	220~240	24~26	20
盖面焊			230~250	25	20

(4)操作要点及注意事项　采用左焊法,焊接层次为三层三道,焊炬角度如图 3-19 所示。

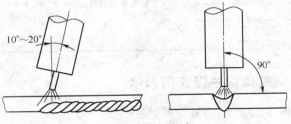

图 3-19　焊炬角度

1)打底焊。将焊件间隙小的一端放于右侧。在离焊件右端点焊焊缝约 20mm 坡口的一侧引弧,然后开始向左焊接打底焊道,焊炬沿坡口两侧做小幅度横向摆动,并控制电弧在离底边 2~3mm 处燃烧,当坡口底部熔孔直径达 3~4mm 时,转入正常焊接。打底焊时应注意事项如下:

①电弧始终在坡口内做小幅度横向摆动,并在坡口两侧稍微停留,使熔孔直径比间隙大 0.5~1mm,焊接时应根据间隙和熔孔直径的变化调整横向摆动幅度和焊接速度,尽可能维持熔孔直径不变,以获得宽窄和高低均匀的反面焊缝。

②依靠电弧在坡口两侧的停留时间,保证坡口两侧熔合良好,使打底焊道两侧与坡口结合处稍下凹,焊道表面平整。打底焊道两侧形状如图 3-20 所示。

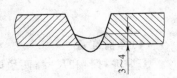

图 3-20　打底焊道两侧形状

③打底焊时,要严格控制喷嘴的高度,电弧必须在离坡口底部 2~3mm 处燃烧,保证打底层厚度不超过 4mm。

2)填充焊。调试填充层焊接参数,在焊件右端开始焊填充层,焊枪的横向摆动幅度稍大于打底层,注意熔池两侧熔合情况,保证焊道表面平整且稍下凹,并使填充层的高度低于母材表面 1.5~2mm,焊接时不允许烧化坡口棱边。

3）盖面焊。调试好盖面层焊接参数后，从右端开始焊接，需注意下列事项：

①保持喷嘴高度，焊接熔池边缘应超过坡口棱边 0.5～1.5mm，并防止咬边。

②焊枪横向摆动幅度应比填充焊时稍大，尽量保持焊接速度均匀，使焊缝外形美观。

③收弧时一定要填满弧坑，并且收弧弧长要短，以免产生弧坑裂纹。

八、二氧化碳气体保护焊常见缺陷及预防措施（表 3-18）

表 3-18　CO_2 焊的常见焊接缺陷及预防措施

缺陷	产 生 原 因	预 防 措 施
咬边	1. 焊速过快 2. 电弧电压偏高 3. 焊炬指向位置不对 4. 摆动时，焊炬在两侧停留时间太短	1. 减慢焊速 2. 根据焊接电流调整电弧电压 3. 注意焊炬的正确操作 4. 适当延长焊炬在两侧的停留时间
焊瘤	1. 焊速过慢 2. 电弧电压过低 3. 两端移动速度过快，中间移动速度过慢	1. 适当提高焊速 2. 根据焊接电流调整电弧电压 3. 调整移动速度，两端稍慢，中间稍快
熔深不够	1. 焊接电流太小 2. 焊丝伸出长度太小 3. 焊接速度过快 4. 坡口角度及根部间隙过小，钝边过大 5. 送丝不均匀 6. 摆幅过大	1. 加大焊接电流 2. 调整焊丝的伸出长度 3. 调整焊接速度 4. 调整坡口尺寸 5. 检查送丝机构 6. 正确操作焊炬
气孔	1. 焊丝或焊件有油、锈和水 2. 气体纯度较低 3. 减压阀冻结 4. 喷嘴被焊接飞溅堵塞 5. 输气管路堵塞 6. 保护气被风吹走 7. 焊丝内硅、锰含量不足 8. 焊炬摆动幅度过大，破坏了 CO_2 气体的保护作用 9. CO_2 流量不足，保护效果差 10. 喷嘴与母材距离过大	1. 仔细除油、锈和水 2. 更换气体或对气体进行提纯 3. 在减压阀前接预热器 4. 注意清除喷嘴内壁附着的飞溅 5. 注意检查输气管路有无堵塞和弯折处 6. 采用挡风措施或更换工作场地 7. 选用合格焊丝焊接 8. 培训焊工操作技术，尽量采用平焊，焊工周围空间不要太小 9. 加大 CO_2 气体流量，缩短焊丝伸出长度 10. 根据电流和喷嘴直径进行调整
夹渣	1. 前层焊缝焊渣去除不干净 2. 小电流低速焊时熔敷过多 3. 采用左焊法焊接时，熔渣流到熔池前面 4. 焊炬摆动过大，使溶渣卷入熔池内部	1. 认真清理每一层焊渣 2. 调整焊接电流与焊接速度 3. 改进操作方法使焊缝稍有上升坡度，使溶渣流向后方 4. 调整焊炬摆动量，使熔渣浮到溶池表面
烧穿	1. 对于给定的坡口，焊接电流过大 2. 坡口根部间隙过大 3. 钝边过小 4. 焊接速度小，焊接电流大	1. 按工艺规程调整焊接电流 2. 合理选择坡口根部间隙 3. 按钝边、根部间隙情况选择焊接电流 4. 合理选择焊接参数

第四章 气 焊

第一节 气 焊 设 备

气焊是利用可燃气体与助燃气体混合燃烧形成的火焰作为热源的一种焊接方式。

一、气焊设备的组成

气焊设备由氧气瓶、乙炔气瓶、减压阀、回火防止器、输气软管和焊炬(割炬)组成,如图 4-1 所示。

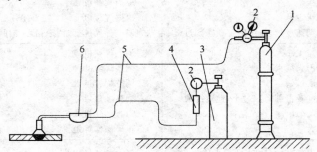

图 4-1 气焊设备组成
1. 氧气瓶 2. 减压阀 3. 乙炔气瓶 4. 回火防止器 5. 输气软管 6. 焊炬(割炬)

气焊过程如图 4-2 所示。调节焊炬 2 的火焰达到焊接要求,加热焊道两侧局部金属材料达到熔融状态,迅速将焊丝 3 置于火焰中熔化成液滴进入熔池,按顺序移动焊炬,熔池冷却后即形成焊缝 3,将焊件 4 焊成一体。

气割时应更换焊炬,将割炬接入系统中,操作割炬火焰对金属材料加热令其熔化,再用切割氧气射流将熔化的金属吹离母体,即可按需将材料割开,如图 4-3 所示。

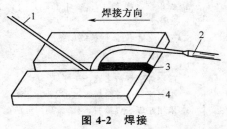

图 4-2 焊接
1. 焊丝 2. 焊炬 3. 焊缝 4. 焊件

二、气焊设备的配置

(1)氧气瓶 氧气瓶是储存和运输氧气的一种高压容器,外表涂天蓝色,瓶体上

注:气焊列为焊工职业技能考核项目之一(不含气割)。气割和钎焊单独列为焊工职业技能考核项目。考虑到气焊、气割和钎焊三者设备相同,作业关联密切,一并在本章中介绍。

用黑漆标注"氧气"字样。常用气瓶的容积为 40L,在 15MPa 压力下,可储存 $6m^3$ 的氧气。由于氧气瓶的压力高,而且氧气是极活泼的助燃气体,因此,必须严格按照使用规则使用。

氧气瓶的形状和结构如图 4-4 所示,由瓶体、瓶帽、瓶阀及瓶箍等组成,瓶阀的一侧装有安全膜,当瓶内压力超过规定值时安全膜片即自行爆破,从而保护了氧气瓶的安全。

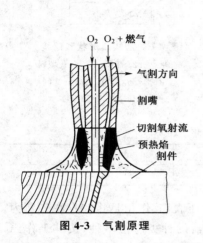

图 4-3 气割原理

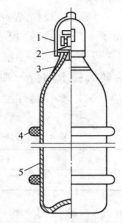

图 4-4 氧气瓶的形状和结构

1. 瓶帽 2. 瓶阀 3. 瓶箍 4. 防振圈(橡胶制品) 5. 瓶体

氧气瓶瓶阀是开闭氧气的阀门。常用的活瓣式氧气瓶阀如图 4-5 所示。

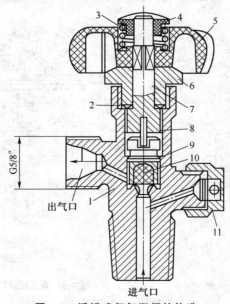

图 4-5 活瓣式氧气瓶阀的构造

1. 阀体 2. 密封垫圈 3. 弹簧 4. 弹簧压帽 5. 手轮 6. 压紧螺母
7. 阀杆 8. 开关板 9. 活门 10. 气门 11. 安全装置

（2）乙炔瓶　乙炔瓶是用来储存和运输乙炔的容器，形状和结构如图 4-6 所示。乙炔瓶外表涂成白色，并标有红色的"乙炔"和"不可近火"的字样，瓶内装满浸透丙酮的多孔性填料（硅酸钙颗粒等）。使用乙炔瓶必须配备乙炔减压器，以便调节乙炔的压力。

我国生产的乙炔瓶的规格见表 4-1。

乙炔瓶阀如图 4-7 所示，是控制乙炔瓶内乙炔进出的阀门，它没有旋转的手柄，需用专门的方孔套筒扳手旋转阀杆上的方形端头，有时可用活动扳手开关，但要注意不能打滑，以免撞击金属产生火星。

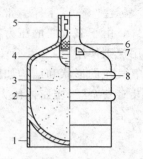

图 4-6　乙炔瓶形状和结构
1. 瓶座　2. 瓶壁　3. 多孔填料
4. 石棉　5. 瓶帽　6. 过滤网
7. 履历表　8. 防振圈

表 4-1　乙炔瓶的规格（GB 11638—2003）

公称容积/L	10	16	25	40	63
公称直径/mm	180	200	224	250	300

（3）减压器（阀）　减压器又称压力调节器或气压表，其作用是将储存在气瓶内的高压气体减压到所需的压力并保持稳定。减压器的种类有很多种，按其工作原理可分为单级正作用式、单级反作用式和双级作用式。常用的单级正作用式减压器的结构如图 4-8 所示。高压气体的压力作用在活门下面，具有帮助开大活门的

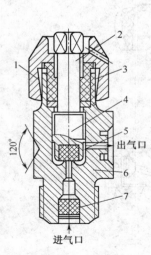

图 4-7　乙炔瓶阀
1. 防漏垫圈　2. 阀杆　3. 压紧螺母　4. 活门
5. 密封填料　6. 阀体　7. 过滤件

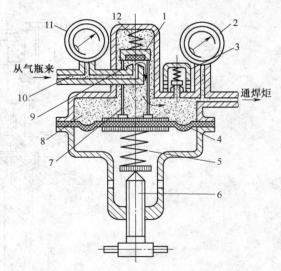

图 4-8　单级正作用式减压器的结构
1. 减压活门　2. 低压表　3. 安全阀　4. 弹簧薄膜
5. 主弹簧　6. 调压螺钉　7. 传动杆　8. 低压室
9. 活门座　10. 高压室　11. 高压表　12. 副弹簧

作用,故称正作用式。高压气源的压力大,活门的开启度就大。当气源压力降低时,活门开启度逐渐减少,低压气体的压力也逐渐降低。

氧气减压器和乙炔减器的结构是不同的,安装时,千万不能搞错。

(4)回火防止器　回火防止器是一种安全设备,其作用是当焊(割)炬发生回火时,防止乙炔瓶发生爆炸事故。

回火防止器的核心元件是用球形不锈钢粉烧结成的不锈钢止火管,此元件相当于一个金属海绵材料的管状物。焊接发生回火时,火焰通过火焰熄灭器时,由于其特殊结构导致它不能被迅速升温,使乙炔气在此处达不到着火点,火焰自然熄灭,从而实现回火防止功能。目前市场上销售不同规格的回火防止器,可供选购。例如干式乙炔回火防止器型号为 HF-2,可装在乙炔压力表后接管线处使用。

(5)焊炬与割炬

1)焊炬。焊炬又称为焊枪,其作用是可燃气体与氧气按一定比例混合,并形成具有一定热能的焊接火焰,它是气焊及软、硬钎焊时,用于控制火焰进行焊接的主要器具之一。吸射式焊炬是最常用的焊炬。

①构造原理。射吸式焊炬又称为低压焊炬,其构造原理如图 4-9 所示。乙炔靠氧气的射吸作用吸入射吸管,因此,它适用于低压及中压(0.001～0.1MPa)乙炔。

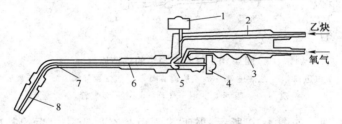

图 4-9　射吸式焊炬的构造原理

1. 乙炔调节阀　2. 乙炔管　3. 氧气管　4. 氧气调节阀　5. 喷嘴　6. 射吸管　7. 混合气管　8. 焊嘴

②工作原理。如图 4-9 所示,打开氧气调节阀 4,氧气即从喷嘴口快速射出,并在喷嘴 5 外围造成负压(吸力);再打开乙炔调节阀 1,乙炔气即聚集在喷嘴的外围。由于氧射流负压的作用,聚集在喷嘴外围的乙炔气很快被氧气吸出,并按一定的比例与氧气混合,经过射吸管 6、混合气管 7 从焊嘴 8 喷出。点火后,经调节形成稳定的焊接火焰。

③型号及技术数据。常用射吸式焊炬的型号及主要技术数据见表 4-2。

2)割炬。割炬是气割工艺中的主要工具。割炬的作用是将可燃气体(乙炔)与助燃气体(氧气)以一定的方式和比例混合,并以一定的速度喷出燃烧,形成具有一定热能和形状的预热火焰,并在预热火焰的中心喷射高压切割氧进行气割。

目前国内最常用的是射吸式割炬。

①构造原理。射吸式割炬的构造原理如图 4-10 所示。

表 4-2　射吸式焊炬的型号及主要技术数据

型　号	焊嘴号码	焊嘴孔径 /mm	焊接低碳钢最大厚度 /mm	气体压力 /MPa		气体消耗量 /(m³/h)		焰芯长度 /mm	焊炬总长度 /mm
				氧气	乙炔	氧气	乙炔		
H01-2	1	0.5	0.5~2	0.1	0.001~0.10	0.033	0.04	3	300
	2	0.6		0.125		0.046	0.05	4	
	3	0.7		0.15		0.065	0.08	5	
	4	0.8		0.175		0.10	0.12	6	
	5	0.9		0.2		0.15	0.17	8	
H01-6	1	0.9	2~6	0.15	0.001~0.10	0.15	0.17	8	400
	2	1.0		0.25		0.20	0.24	10	
	3	1.1		0.3		0.24	0.28	11	
	4	1.2		0.35		0.28	0.33	12	
	5	1.3		0.4		0.37	0.43	13	

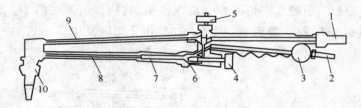

图 4-10　射吸式割炬的构造原理

1. 氧气进口　2. 乙炔进口　3. 乙炔调节阀　4. 氧气调节阀　5. 高压氧气阀
6. 喷嘴　7. 射吸管　8. 混合气管　9. 高压氧气管　10. 割嘴

②工作原理。如图 4-10 所示,射吸式割炬是在射吸式焊炬的基础上,增加了切割氧的气路、切割氧调节阀及割嘴而构成的。气割时,先打开氧气调节阀 4,氧气即从喷嘴口快速射出,并在喷嘴 6 外围造成负压(吸力);再打开乙炔调节阀 3,乙炔气会聚集在喷嘴的外围。由于氧射流负压的作用,聚集在喷嘴外围的乙炔很快被氧气吸出,并按一定的比例与氧气混合,经过射吸管 7、混合气管 8 从割嘴 10 喷出。点火后,经调节形成稳定的环形预热火焰,对割件进行预热。待割件预热到燃点时,开启高压氧气阀,此时高速氧气流将切口处的金属氧化并吹除,随着割炬的移动即在割件上形成切口。

③型号及技术数据。常用射吸式割炬的型号及主要技术数据见表 4-3。

(6)输气软管　按其所输送的气体不同分为:

①氧气橡胶管。氧气橡胶管为黑色,由内、外胶层和中间纤维组成,其外径为 18mm,内径为 8mm,工作压力为 1.5MPa。

②乙炔橡胶管。其结构与氧气橡胶管相同,但其管壁较薄,其外径为 16mm,内径为 10mm,工作压力为 0.3MPa。乙炔橡胶管为红色。

表 4-3　常用射吸式割炬的型号及主要技术数据

型号	割嘴号码	割嘴形式	切割低碳钢厚度/mm	切割氧孔径/mm	气体压力/MPa		气体消耗量/(L/min)	
					氧气	乙炔	氧气	乙炔
G01-30	1	环形	3～10	0.7	0.2		13.3	3.5
	2		10～20	0.9	0.25		23.3	4.0
	3		20～30	1.1	0.3	0.001～	36.7	5.2
G01-100	1	梅花形	10～25	1.0	0.3	0.1	36.7～45	5.8～6.7
	2		25～50	1.3	0.4		58.2～71.7	7.7～8.3
	3		50～100	1.6	0.5		91.7～121.7	9.2～10

三、辅助工具

(1)护目镜　气焊、气割时使用护目镜,主要是保护焊工的眼睛不受火焰亮光的刺激,以便在焊接过程中能够仔细地观察熔池金属,又可防止飞溅金属微粒进入眼睛内。护目镜的镜片颜色的深浅,根据焊工的需要和被焊材料性质进行选用。颜色太深或太浅都会妨碍对熔池的观察,影响工作效率,一般宜用 3 号～7 号的黄绿色镜片。

(2)点火枪　使用手枪式点火枪点火最为安全、方便。当用火柴点火时,必须把划着了的火柴从焊嘴或割嘴的后面送到焊嘴或割嘴上,以免手被烧伤。

(3)橡胶管接头　橡胶管接头是橡胶管与减压器、焊(割)炬以及乙炔发生器和乙炔供应点等的连接接头,接头形式如图 4-11 所示。

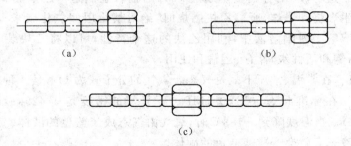

(a)　　　　　　　　　　　　　　　(b)

(c)

图 4-11　橡胶管接头

(a)连接氧气橡胶管用的接头　(b)连接乙炔橡胶管用的接头　(c)连接两根橡胶管的接头

为区别氧气橡胶管接头和乙炔橡胶管接头,在乙炔橡胶管接头的螺母表面刻有 1～2 条槽(图 4-11b),且不得用含铜量在 70% 以上的铜合金接头,否则将酿成严重事故。焊炬、割炬用橡胶管禁止接触油污或漏气,并严禁互换使用。

(4)其他辅助工具　清理焊、割缝的工具,如钢丝刷、錾子、手锤及锉刀。连接和启闭气体通路的工具,如钢丝钳、铁丝卡子、皮管夹头及扳手等。清理焊嘴或割嘴用的通针。每个焊、割工都应备有粗细不等的钢质通针一组,以便清除堵塞焊嘴或割嘴的脏物。

第二节　气　焊　材　料

一、气焊用气体

(1)乙炔　可以用于气焊的可燃气体有乙炔、氢气、液化石油气。一般情况下，多以乙炔作为气焊用的可燃气体。

乙炔俗称电石气，它是由电石和水相互作用分解而得到的。电石是钙和碳的化合物，在空气中易潮化。

乙炔是一种无色而带有特殊臭味的碳氢化合物。在标准状态下密度是$1.179kg/m^3$，比空气轻。乙炔是可燃性气体，它与空气混合燃烧时所产生的火焰温度为$2350℃$，而与氧气混合燃烧时所产生的火焰温度为$3000℃\sim3300℃$，足以迅速熔化金属进行焊接或切割。乙炔是一种具有爆炸性的危险气体，当压力在$0.15MPa$时，如果气体温度达到$580℃\sim600℃$，乙炔就会自行爆炸。乙炔与空气或氧气混合而成的气体也具有爆炸性。乙炔的含量（按体积计算）在$2.2\%\sim81\%$范围内与空气形成的混合气体，只要遇到火星就会立刻爆炸。因此，使用前必须先将混入有空气的乙炔排放干净，提纯后才能投入焊接，以免产生爆燃事故。

乙炔与铜或银长期接触后会生成一种爆炸性的化合物，当它们受到剧烈振动或者加热到$110℃\sim120℃$时就会引起爆炸。所以，凡是与乙炔接触的器具设备禁止用银或铜制造，只准用含铜量不超过70%的铜合金制造。乙炔和氯、次氯酸盐等化合会发生燃烧和爆炸，所以乙炔燃烧时，绝对禁止用四氯化碳来灭火。另外，乙炔能大量溶解于丙酮溶液中，利用乙炔的这个特性，可以将乙炔装入乙炔瓶内（瓶内装有丙酮和活性炭）储存、运输和使用。

(2)氧气　在常温、常压下氧是气态。氧气的分子式为O_2，是一种无色、无味、无毒的气体。在标准状态（$0℃$，$0.1MPa$）下氧气的密度是$1.429kg/m^3$（空气为$1.293kg/m^3$）。当温度降到$-183℃$时，氧气由气态成淡蓝色的液体。当温度降到$-218℃$时，液态氧就会变成淡蓝色的固体。

氧气是助燃气体。任何物质的燃烧都离不开氧气的助燃。乙炔和氧形成的混合气体燃烧时可达$3300℃$左右的高温，为熔化焊提供了必要的热源。

氧气的纯度对气焊与气割的质量、生产效率和氧气本身的消耗量都有直接影响。气焊与气割对氧气的要求是纯度越高越好，氧气纯度越高，工作质量和生产效率越高，而氧气的消耗量却大为降低。气焊与气割用的工业用氧气一般分为两级，一级氧氧气含量不小于99.2%，二级氧氧气含量不小于98.5%，水分的含量两种每瓶都不大于$10ml$。一般情况下，由氧气厂和氧气站供应的氧气可以满足气焊与气割的要求。对于质量要求较高的气焊应采用一级氧。气割时，氧气纯度应$\geqslant98.5\%$。

二、气焊焊丝

要求气焊丝的熔点应等于或略低于被焊金属的熔点。焊丝的化学成分应基本上与焊件相符，无有害杂质，以保证焊缝有足够的力学性能。

常用的气焊丝有碳素结构钢焊丝、合金结构钢焊丝、不锈钢焊丝、铜及铜合金焊丝、铝及铝合金焊丝和铸铁气焊丝等。碳素结构钢焊丝、合金结构钢焊丝及不锈钢焊丝的牌号及用途见表4-4。

表 4-4 钢焊丝的牌号及用途

碳素结构钢焊丝			合金结构钢焊丝			不锈钢焊丝		
牌号	代号	用 途	牌号	代号	用 途	牌号	代号	用 途
焊 08	H08	焊接一般低碳结构钢	焊 10 锰 2	H10Mn2	用 途 与 H08Mn 相同	焊 00 铬 19 镍 9	H00Cr-19Ni9	焊接超低碳不锈钢
			焊 08 锰 2 硅	H08Mn-2Si				
焊 08 高	H08A	焊接较重要低、中碳钢及某些低合金结构钢	焊 10 锰 2 钼高	H10Mn2-MoA	焊接普通低合金钢	焊 0 铬 19 镍 9	H0Cr-19Ni9	焊接 18-8 型不锈钢
焊 08 特	H08E	用途与 H08A 相同。工艺性能较好	焊 10 锰 2 钼钒高	H10Mn2-MoVA	焊接普通低合金钢	焊 1 铬 19 镍 9	H1Cr-19Ni9	焊接 18-8 型不锈钢
焊 08 锰	H08Mn	焊接较重要的碳素钢及普通低合金结构钢，如锅炉、受压容器等	焊 08 铬钼高	H08Cr-MoA	焊接铬钼钢等	焊 1 铬 19 镍 9 钛	H1Cr19-Ni9Ti	焊接 18-8 型不锈钢
焊 08 锰高	H08MnA	用 途 与 H08Mn 相同，但工艺性能较好	焊 18 铬钼高	H18Cr-MoA	焊接结构钢，如铬钼钢、铬钼硅钢等	焊 1 铬 25 镍 13	H1Cr25-Ni13	焊接高强度结构钢和耐热合金钢等
焊 15 高	H15A	焊接中等强度焊件	焊 30 铬锰硅高	H30Cr-MnSiA	焊接铬锰硅钢	焊 1 铬 25 镍 20	H1Cr25-Ni20	焊接高强度结构钢和耐热合金钢等
焊 15 锰	H15Mn	焊接高强度焊件	焊 10 钼铬高	H10Mo-CrA	焊接耐热合金钢			

三、气焊熔剂

一般碳钢结构的气焊不使用熔剂，焊接不锈钢、耐热钢、铝、铜、铸铁补焊时需使用相应的气焊熔剂。气焊熔剂的主要作用如下：

①有很强的反应能力，能迅速溶解一些氧化物，或与一些高熔点化合物作用后生成新的低熔点和易挥发的化合物。

②熔剂熔化后黏度小，流动性好，产生的熔渣熔点低，密度小，容易浮出熔池表面。

③能减小熔化金属的表面张力，使熔化的填充金属与焊件容易结合。对焊件无腐蚀等副作用，生成的熔渣便于清除。

气焊熔剂的牌号、名称及用途见表 4-5。

表 4-5　气焊熔剂的牌号、名称及用途

牌号	名　　称	用　　途
CJ101	不锈钢及耐热钢气焊熔剂	不锈钢及耐热钢气焊时的助熔剂
CJ201	铸铁气焊熔剂	铸铁件气焊时的助熔剂
CJ301	铜气焊熔剂	铜及铜合金气焊时的助熔剂
CJ401	铝气焊熔剂	铝及铝合金气焊时的助熔剂

第三节　气　焊　工　艺

一、气焊火焰的种类及其选用

(1)气焊火焰的种类　氧乙炔焰按氧与乙炔的混合比不同，可分为中性焰、碳化焰(也称还原焰)和氧化焰 3 种，如图 4-12 所示。

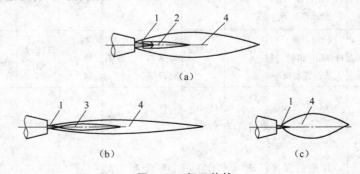

(a)

(b)　　　　　　　　　　　　(c)

图 4-12　氧乙炔焰

(a)中性焰　(b)碳化焰　(c)氧化焰

1. 焰芯　2. 内焰(暗红色)　3. 内焰(淡蓝色)　4. 外焰

①中性焰。在焊炬的混合室内，氧与乙炔的体积比为 1∶1.1 时，可燃气完全燃烧，无过剩的游离碳或氧，这种火焰称为中性焰。中性焰由焰芯、内焰和外焰三

部分组成,如图 4-12a 所示。中性焰的内焰温度高(3100℃～3150℃),适用于一般低碳钢、低合金钢和非铁金属材料的气焊焊接采用。

②碳化焰。当氧气与乙炔的混合比<1 时,所得到的火焰为碳化焰,这种火焰的气体中尚有部分乙炔未曾燃烧,其结构和形状如图 4-12b。

碳化焰的最高温度为 2700℃～3000℃。由于在碳化焰中有过剩的乙炔,它可以分解为氢气和碳,在焊接碳钢时,火焰中游离状态的碳会渗到熔池中去,增高焊缝的含碳量,使焊缝金属的强度提高而使塑性降低。此外,过多氢会进入熔池,促使焊缝产生气孔和裂纹。因而碳化焰不能用于焊接低碳钢及低合金钢。但微弱的碳化焰应用较广,可用于焊接高碳钢、中合金钢、高合金钢、铸铁、铝和铝合金等材料。

③氧化焰。当氧气与乙炔的混合比值>1.2 时,得到的火焰称为氧化焰。它燃烧后的气体火焰中,仍有部分过剩的氧,在尖形焰芯外面形成了一个有氧化性的富氧区,其构造和形状如图 4-12c。

氧化焰的最高温度可达 3100℃～3400℃。由于氧气的供应量较多,使整个火焰具有氧化性。如果焊接一般碳钢时,采用氧化焰就会造成熔化金属的氧化和合金元素的烧损,使焊缝金属氧化物和气孔增多,从而较大地降低焊接质量,所以,一般材料的焊接,绝不能采用氧化焰,但在焊接黄铜和锡青铜时,利用微弱的氧化焰的氧化性,生成的氧化物薄膜覆盖在熔池表面,可以阻止锌、锡的蒸发。气割时,通常使用氧化焰。

(2)气焊火焰的选用　各种金属材料气焊火焰的选用见表 4-6。

表 4-6　各种金属材料气焊火焰的选用

焊件材料	应用火焰	焊件材料	应用火焰
低碳钢	中性焰	铬镍不锈钢	中性焰或轻微碳化焰
低合金钢	中性焰	纯铜	中性焰
高碳钢	轻微碳化焰	黄铜	氧化焰
灰铸铁	碳化焰或轻微碳化焰	铝及其合金	中性焰或轻微碳化焰
镀锌铁皮	轻微氧化焰	铅、锡	中性焰或轻微碳化焰
铬不锈钢	中性焰或轻微碳化焰		

二、气焊接头形式与坡口形式及尺寸

(1)板料常用接头种类及坡口形式　有卷边接头、对接接头、搭接接头及角接头等几种,一般气焊主要采用对接接头形式。各种焊缝的坡口形式、尺寸及适用的焊缝形式见表 4-7。

表 4-7　气焊焊缝坡口形式、尺寸及适用的焊缝形式

序号	工件厚度 δ/mm	名称	符号	坡口形式	焊缝形式	坡口尺寸/mm				
						$\alpha(°)$	b	p	δ	R
1	0.5～1	卷边坡口	⊥			—	—	—	—	1～2
2	1～2	卷边坡口	⊥			—	—	—	—	1～2
3	1～3	I 形坡口	‖					0～0.5		
4	≥3	Y 形坡口	Y			40～60	2			

(2)管子气焊的坡口形式及尺寸　管子气焊的坡口形式及尺寸见表 4-8。

表 4-8　管子气焊的坡口形式及尺寸

管壁厚度/mm	≤2.5	≤6	6～10	10～15
坡口形式	—	V 形	V 形	V 形
坡口角度	—	60°～90°	60°～90°	60°～90°

三、气焊焊接参数的选择

(1)焊丝直径　焊丝直径要根据焊件的厚度和坡口形式来选择。碳钢气焊时采用的焊丝直径可参考表 4-9。

表 4-9　焊件厚度与选用焊丝直径对照　　　　　　　　　　　(mm)

焊件厚度	1.0～2.0	2.0～3.0	3.0～5.0	5.0～10	10～15
焊丝直径	1.0～2.0 或不用焊丝	2.0～3.0	3.0～4.0	3.0～5.0	4.0～6.0

(2)火焰种类的选择　各种金属材料气焊火焰的选用可参见表 4-6。一般碳钢焊接采用中性焰。

(3)焊嘴的倾斜角度　又称为焊嘴倾角,是指焊嘴与焊件间的夹角,焊嘴倾角 α 愈大,热量越集中。焊嘴倾角的大小主要取决于焊件厚度,其关系如图 4-13 所示。焊接时,倾角 α 应适度减小。在气焊过程中,焊丝与焊件表面的倾斜角一般为 30°～40°,它与焊炬中心线的角度为 90°～100°,如图 4-14 所示。

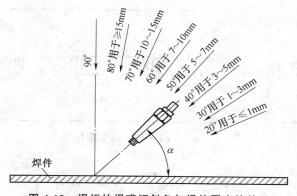

图 4-13　焊炬的焊嘴倾斜角与焊件厚度的关系

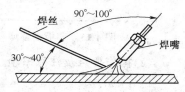

图 4-14　焊丝与焊件表面、焊炬中心线的夹角

(4)焊接速度　焊接速度通常以每小时完成的焊缝长度来表示,其经验公式为

$$v = K\delta$$

式中,v 为焊接速度(m/h);δ 为焊件厚度(mm);K 为系数,不同材料气焊时 K 值的大小见表 4-10。

表 4-10　不同材料气焊时 K 值的大小

材料名称	碳素钢		铜	黄铜	铝	铸铁	不锈钢
	左向焊	右向焊					
K 值	12	15	24	12	30	10	10

四、气焊操作基本要求

(1)焊前准备

①焊前清理。气焊前必须清理工件坡口及两侧和焊丝表面的油污、氧化物等脏物。除氧化膜可用砂纸、钢丝刷、锉刀、刮刀、角向砂轮机等机械方法清理,也可用酸或碱溶液清理金属表面氧化物。清理后用清水冲洗干净,用火焰烘干后再进行焊接。

②定位焊和点固焊。为了防止焊接时产生过大的变形,在焊接前,应将焊件在适当位置实施一定间距的点焊定位。对于不同类型的焊件,定位方式略有不同。

薄板类焊件的定位焊从中间向两边进行。定位焊焊缝长为 5～7mm,间距为 50～100mm。定位焊的顺序应由中间向两边交替依次点焊,直至整条焊缝布满为止,如图 4-15 所示。厚板($\delta \geq 4$mm)定位焊的焊缝长度 20～30mm,间距 200～300mm。定位焊顺序从焊缝两端开始向中间进行,如图 4-16 所示。

管子定位焊焊缝长度均为 5～15mm,管径＜100mm 时,将管周均分三处,定位焊两处,另一处作为起焊处,如图 4-17a 所示;管径在 100～300mm 时,将管周均分四处,对称定位焊四处,在 1 与 4 之间作为起焊处,如图 4-17b 所示。

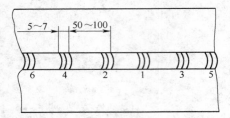

图 4-15 薄板定位焊

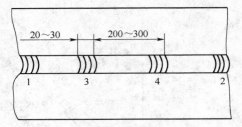

图 4-16 厚板定位焊

(2)操作要点及注意事项

1)焊炬的操作。

①焊炬的握法。一般操作者均用左手拿焊丝,用右手掌及中指、无名指、小指握住焊炬的手柄,用大拇指放在乙炔开关位置,由拇指向伸直方向推动打开乙炔开关,用食指放在氧气开关位置进行拨动,有时也可用拇指来协助打开氧气开关,这时可以随时调节气体的流量。

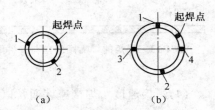

图 4-17 管状定位焊

(a)管径<100mm

(b)管径为 100～300mm

②火焰的点燃。先逆时针方向微开氧气开关放出氧气,再逆时针方向旋转乙炔开关放出乙炔,然后将焊嘴靠近火源点火,点火后应立即调整火焰,使火焰达到正常形状。开始练习时,可能出现连续的"放炮"声,原因是乙炔不纯,这时应放出不纯的乙炔,然后重新点火。有时会出现不易点燃的现象,多是因为氧气量过大,这时应重新调整氧气开关。点火时,拿火源的手不要正对焊嘴,也不要将焊嘴指向他人,以防烧伤。

③火焰的调节。开始点燃的火焰多为碳化焰,如要调成中性焰,则要逐渐增加氧气的供给量,直至火焰的内焰与外焰没有明显的界线,即为中性焰。如果再继续增加氧气或减少乙炔,就得到氧化焰;反之增加乙炔或减少氧气,即可得到碳化焰。

④火焰的熄灭。焊接工作结束或中途停止时,必须熄灭火焰。正确的熄灭方法是先顺时针方向旋转乙炔阀门,直至关闭乙炔,再顺时针方向旋转氧气阀门关闭氧气。这样可以避免出现黑烟和火焰倒袭。此外,关闭阀门以不漏气即可,不要关得太紧,以防止磨损过快,降低焊炬的使用寿命。

⑤回火现象的处理。操作中如遇到回火现象,立即关闭氧气阀门,如果回火严重时,还要拔开乙炔橡胶管。

2)焊炬和焊丝的摆动方式与幅度。焊炬和焊丝的摆动应包括 3 个方向的动作。

①沿焊接方向移动,不间断地熔化焊件和焊丝,形成焊缝。

②焊炬沿焊缝做横向摆动,使焊缝边缘得到火焰的加热,并很好地熔透,同时借助火焰气体的冲击力把液体金属搅拌均匀,使熔渣浮起,从而获得良好的焊缝成

形,同时,还可避免焊缝金属过热或烧穿。

③焊丝在垂直于焊缝的方向送进并做上下移动,如在熔池中发现有氧化物和气体时,可用焊丝不断地搅动金属熔池,使氧化物浮出和气体排出。

平焊时常见的焊炬和焊丝的摆动方式如图 4-18 所示。

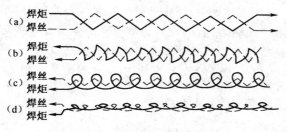

图 4-18　焊炬和焊丝的摆动方式

(a)右摆法　(b)、(c)、(d)左摆法

3)焊接方向。气焊时,按照焊炬和焊丝的移动方向,可分为左向焊法和右向焊法两种。

①右向焊法。如图 4-19a 所示,焊炬指向焊缝,焊接过程从左向右,焊炬在焊丝前面移动。焊炬火焰直接指向熔池,并遮盖整个熔池,使周围空气与熔池隔离,所以能防止焊缝金属的氧化和减少产生气孔的可能性,同时还能使焊好的焊缝缓慢地冷却,改善了焊缝组织。由于焰芯距熔池较近及火焰受焊缝的阻挡,火焰的热量较集中,热量的利用率也较高,使熔深增加并提高生产效率。所以右向焊法适合焊接厚度较大以及熔点和热导率较高的焊件,但右向焊法不易掌握,一般较少采用。

②左向焊法。如图 4-19b 所示,焊炬指向焊件未焊部分,焊接过程自右向左,而且焊炬跟着焊丝走。左向焊法,由于火焰指向焊件未焊部分,对金属有预热作用,因此焊接薄板时生产效率很高,同时这种方法操作简便,容易掌握,是普通应用的方法。但左向焊法缺点是焊缝易氧化,冷却较快,热量利用率低,故适于薄板的焊接。

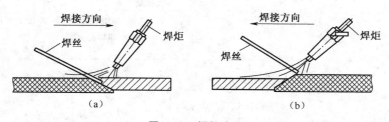

图 4-19　焊接方向

(a)右向焊法　(b)左向焊法

4)焊缝的起头、连接和收尾。

①焊缝的起头。由于刚开始焊接,焊件起头的温度低,焊炬的倾斜角应大些,

对焊件进行预热并使火焰往复移动,保证起焊处加热均匀,一边加热一边观察熔池的形成,待焊件表面开始发红时将焊丝端部置于火焰中进行预热,一旦形成熔池,立即将焊丝伸入熔池,焊丝熔化后即可移动焊炬和焊丝,并相应减少焊炬倾斜角进行正常焊接。

②焊缝连接。在焊接过程中,因中途停顿又继续施焊时,应用火焰把连接部位5~10mm 的焊缝重新加热熔化,形成新的熔池再加少量焊丝或不加焊丝重新开始焊接,连接处应保证焊透和焊缝整体平整及圆滑过渡。

③焊缝收尾。当焊到焊缝的收尾处时,应减少焊炬的倾斜角,防止烧穿。

五、不同焊接位置的施焊要点

各种不同焊接位置的施焊要点见表 4-11。

表 4-11　不同焊接位置的施焊要点

焊接位置	简　图	施　焊　要　点
平焊		1. 应将焊件与焊丝烧熔 2. 焊接某些低合金钢(如 30CrMnSi)时,火焰应穿透熔池 3. 火焰焰芯的末端与焊件表面应保持在 2~6mm 的距离内 4. 如熔池温度过高,可采用间断焊以降低熔池温度
立焊		1. 焊炬沿焊接方向向上倾斜一定角度,一般与焊件保持在 75°~80°间,焊炬与焊丝的相对位置与平焊时相似 2. 应采用比平焊时较小的火焰进行焊接 3. 严格控制熔池温度,尽量控制熔池的面积不要太大,熔池的深度也应小些 4. 焊炬一般不做横向摆动,但可做上下移动 5. 如熔池温度过高,熔化金属即将下淌时,应立即移开火焰
横焊		1. 焊炬与焊件之间的角度保持在 65°~75°间 2. 采用比平焊时小的火焰施焊,常用左焊法 3. 焊炬一般不做摆动,如焊较厚的焊件时,可做弧形摆动,焊丝始终浸在熔池中,并进行斜环形运条,使熔池略带一些倾斜

续表 4-11

焊接位置	简 图	施 焊 要 点
仰 焊	 20°~30° 20°~30°	1. 采用较小的火焰焊接 2. 严格掌握熔池的温度和大小,使液体金属始终处于较稠的状态,防止下淌 3. 采用较细的焊丝,以薄层堆敷上去,有利于控制熔池温度 4. 采用右向焊时,焊缝成形较好 5. 焊炬可做不间断的移动,焊丝可做月牙形运条,并始终浸在熔池内 6. 注意操作姿势,防止金属飞溅和下淌的液体金属烫伤人体
可转动管气焊	 焊接方向 70° 50° 转动方向 图 c 向左爬坡焊 30° 10° 焊接方向 转动方向 图 d 向右爬坡焊	1. 若管壁较薄(<2mm),最好转到水平位置施焊;对于管壁较厚和开有坡口的管子,不应处于水平位置焊接。通常采用爬坡位置,即半立焊位置施焊 2. 采用左焊法时,应始终控制在与管子水平中心线成50°~70°进行焊接(图 c) 3. 采用右焊法时,为了防止熔化金属被火焰吹成焊瘤,熔池应控制在与管子垂直中心线成10°~30°施焊(图 d)
垂直固定管气焊	 工件 80° 焊嘴 90° 图 e 焊嘴、焊丝与管子轴线的夹角 30° 60° 图 f 焊丝、焊嘴与管子切线方向的夹角　　图 g 右焊法双面成形一次焊满运条法	1. 通常采用右焊法,焊嘴、焊丝与管子的相对位置与夹角见图 e 和图 f 2. 始焊时,先将被焊处适当加热,然后将熔池烧穿,形成一个熔孔,这个熔孔一直保持到焊接结束,熔孔的大小以控制在等于或稍大于焊丝直径为宜 3. 熔孔成形后,开始填充焊丝,施焊过程中焊炬不做横向摆动,而只在熔池和熔孔间做前后摆动,以控制熔池温度,若熔池温度过高时,为使熔池得以冷却,此时火焰不必离开熔池,可将火焰的焰芯朝向熔孔,这时内焰区仍然笼罩着熔池和近缝区,保护液态金属不被氧化 4. 在施焊过程中,焊丝始终浸在熔池中,不停地以"r"形往上挑钢水,运条范围不要超过管子对口下部坡口的1/2处,否则容易造成熔滴下坠现象 5. 焊缝因一次焊成(图 g),所以焊接速度不可太快,必须将焊缝填满,并有一定的加强高度

六、气焊常见缺陷及预防措施

气焊常见缺陷及预防措施见表 4-12。

表 4-12　气焊常见缺陷及预防措施

缺陷类型	产 生 原 因	预 防 措 施
裂纹	焊缝金属中硫含量过高,焊接应力过大,火焰能率小,焊缝熔合不良等	控制焊缝金属的硫含量,提高火焰能率,降低焊接应力等
气孔	焊丝、工件表面清理不干净,含碳量过高,火焰成分不对,焊接速度太快等	严格清理工件表面及焊丝,控制焊丝与基本金属的成分,合理选择火焰及焊接速度等
焊缝尺寸及形状不符合要求	工件坡口角度不当,装配间隙不均匀,焊接参数选择不当等	严格控制装配间隙,合理加工坡口角度,正确选择焊接参数等
咬边	火焰能率调整过大,焊嘴倾斜角度不正确,焊嘴和焊丝运动方法不适当等	正确选择焊接参数及操作方法等
烧穿	对焊件加热过甚,操作工艺不当,焊接速度慢,在某处停留时间过长等	合理加热工件,调整焊接速度,选用合适的操作工艺等
凹坑	火焰能率过大,收尾未填满熔池等	注意收尾时焊接要领,合理选择火焰能率等
夹渣	焊件边缘及焊层清理不干净,焊接速度过快,焊丝形状系数过小,以及焊丝、焊嘴角度不当等	严格清理焊件边缘及焊层,控制焊接速度,适当增加焊缝形状系数等

第四节　气焊技能训练

一、低碳钢板平对接气焊示例

(1)低碳钢薄钢板的平对接气焊

①焊接参数。$\delta \leqslant 3mm$ 的薄钢板的气焊,所选用的气焊焊接参数:焊炬 H01-6,1 号焊嘴;氧气压力为 0.1～0.2MPa,乙炔气压为 0.001～0.1MPa;火焰性质为中性焰;从中间向两端进行定位焊,定位焊缝长 5～7mm,间距 50～100mm;采用左向焊法,从中间向两边交替施焊。

②操作要点及注意事项。不卷边平对接气焊如图 4-20 所示,采用 I 形坡口,间隙 0.5～1mm;焊炬与焊件夹角取 30°～40°为宜,火焰气流不要正对焊件,可略向焊丝;焊炬做上下跳动,均匀填充焊丝,焊接速度适当,均匀。

（2）**奥氏体不锈钢板对接气焊** 板材牌号为 1Cr18Ni9Ti；规格为 $\delta=1.5mm$，焊接工艺要点如下。

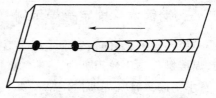

图 4-20 不卷边平对接气焊

①坡口形式。采用 I 形坡口，接头间隙为 1.5mm。

②焊前清理。使用丙酮将坡口两侧各 10～15mm 范围内的油污清理干净。用钢丝刷清除焊件表面的氧化膜，至露出金色光泽。

③焊丝及焊剂。焊丝选用 H0Cr81Ni9，$\phi1.5mm$，熔剂 CJ101。

④焊炬及火焰。采用 H01-2 焊炬，使用略带微弱碳化焰的中性焰，焰芯尖端离熔池表面 2～4mm，火焰能率要尽量大些。

⑤装配定位焊。焊缝长 5～8cm，间距 50mm 左右，从中间向两端对称定位焊。

⑥焊接方向。采用左向焊法，火焰指向未焊坡口，喷嘴与焊件成 45°～50°，与两侧夹角相等，焊丝不应移出火焰。

⑦焊炬运动。焊接时焊炬不得横向摆动，焰芯到熔池的距离 <2mm 为宜。焊丝末端与熔池接触，并与火焰一起沿焊缝移动。焊接速度要快，避免过热，并防止过程中断。边焊边用焊丝蘸焊剂，焊一道后清理干净，最好一次把焊缝焊完，收尾处金属填满后将火焰逐渐移开，否则会有气泡产生，同时也容易产生火口裂纹。焊接终了时，使火焰缓慢离开火口。

二、低碳钢薄壁容器气焊示例

（1）**筒体纵缝的气焊** 将事前卷好的开口筒体的纵向缝用气焊焊接成一个整体时，先从中间向两端进行定位焊。定位焊缝长 5～7mm，间距 150～200mm，然后采用左焊法从中间向两端分段退焊。

（2）**容器底部环形卷边接头气焊**

薄壁容器底部一般采用周边卷边接头形式与筒体装配后形成单面卷边角接头。此时应更换 1 号焊嘴进行气焊。周边的焊接火焰应偏向外侧，焊炬中心线与筒体焊接处切线保持 20°～30°夹角，焊丝与焊炬夹角在 90°～100°之间（图 4-21）。卷边焊一般不用焊丝，将焊炬左右摆动将卷边熔化即可，只有间隙较大的地方才填充少量焊丝。直径较大的筒体与底部的卷边接头焊宜采用对称焊方式，以减少变形。

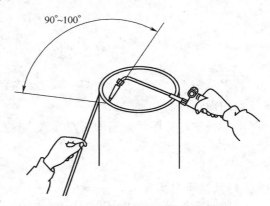

图 4-21 容器卷边环形焊缝的气焊

三、钢管水平固定气焊示例

对于直径较大的钢管水平固定后的对接气焊,由于包含了各种焊接位置的焊接,焊接操作是比较困难的。图 4-22 所示为水平固定管气焊的焊接位置分布图。

水平固定管气焊的操作要领如下:

①首先进行定位焊。根据管径大小确定定位焊的点数,直径大时,定位焊点数要多一些,通常以 4～6 点为宜。定位焊点的高度不应超过管壁厚度的 2/3。

②对于直径较大的管子应大致划分如图 4-22 所示几个焊接区域,分别按照仰焊、立焊、平焊、爬焊方法对这些区域施焊。

③一般应将管子分成左右两个半圆进行焊接(如图 4-23)。焊接右(或左)半圆时,起点和终点都要超过管子中心线 5～10mm,从 a 至 b。另半圆的起点和终点都要和前一段相接,c 至 d,重叠长度 10～20mm。

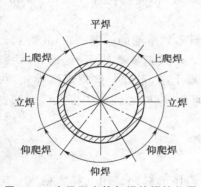

图 4-22　水平固定管气焊的焊接位置

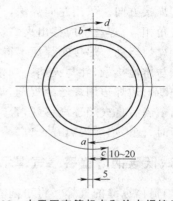

图 4-23　水平固定管起点和终点焊接示意图

a、b 为先焊半圆的起点和终点

c、d 为后焊半圆的起点和终点

第五节 气 割

利用第一乙炔火焰进行气割有自动切气割和手工气割两种方法。这里介绍手工气割的操作方法。

手工气割是运用最普遍的切割方式。这种方式机动灵活、适应性高、效率高。

一、气割工艺

(1)气割前的准备工作

①按照零件图样要求放样、号料。放样划线时应考虑留出气割毛坯的加工余量和切口宽度。放样、号料时应采用套裁法,可减少余料的消耗。

②根据割件厚度选择割炬、割嘴和气割工艺参数。

③气割之前要认真检查工作场所是否符合安全生产的要求。检查乙炔发生器或乙炔瓶、回火防止器等设备是否能保证正常进行工作。检查射吸式割炬的射吸功能是否正常，然后将气割设备按操作规程连接完好，开启乙炔气瓶阀和氧气瓶阀，调节减压器，使氧气和乙炔气达到所需的工作压力。

④割件应尽量垫平，并使切口处悬空。支点必须放在割件以内，切勿在水泥地面上垫起割件气割。如确需在水泥地面上气割，则应在割件与地板之间加一块钢板，以防止水泥爆溅伤人。

⑤用钢丝刷或预热火焰清除切割线附近表面上的油漆、铁锈和油污。

⑥点火后，将预热火焰调整适当，然后打开切割阀门，观察风线（即切割氧气流）形状，风线应为笔直和清晰的圆柱形，长度超过厚度的 1/3 为宜，如图 4-24 所示。

(2)气割操作基础

1)操作姿势。点燃割炬调好火焰之后就可以进行切割，操作姿势如图 4-24 所示，双脚成外八字形蹲在工件的一侧，右臂靠住右膝盖，左臂放在两腿中间，便于气割时移动。右手握住割炬手把并以右手大拇指和食指握住预热氧调节阀，便于调整预热火焰能率，一旦发生回火时能及时切断预热氧。左手的大拇指和食指握住切割氧调节阀，便于切割氧的调节，其余三指平稳地托住射吸管，使割炬与割件保持垂直。气割时的手势如图 4-25 所示。气割过程中，割炬运行要均匀，割炬与割件的距离保持不变。每割一段需要移动身体位置时，应关闭切割氧调节阀，等重新切割时再度开启。

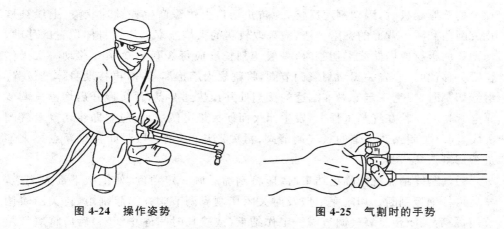

图 4-24 操作姿势   图 4-25 气割时的手势

2)预热。开始气割时，将起割点材料加热到燃烧温度（割件发红），称为预热。起割点预热后，才可以慢慢开启切割氧调节阀进行切割。预热的操作方法，应根据零件的厚度灵活掌握。

①对于厚度<50mm 的割件，可采取割嘴垂直于割件表面的方式进行预热。

②对于厚度>50mm 的割件，预热分两步进行，如图 4-26 所示。开始时将割嘴置于割件边缘，并沿切割方向后倾 10°～20°加热，如图 4-26a 所示。待割件边缘加热到暗红色时，再将割嘴垂直于割件表面继续加热，如图 4-26b 所示。

③气割割件的轮廓时，对于薄件可垂直加热起割点；对于厚件应先在起割点处钻一个孔径约等于切口宽度的通孔，然后再按厚件加热该孔边缘作为起割点预热。

3）起割。首先应点燃割炬，并随即调整好火焰（中性焰）。火焰的大小，应根据钢板的厚度调整适当。再将起割处的金属表面预热到接近熔点温度（金属呈亮红色或"出汗"状），此时将火焰局部移出割件边缘并慢慢开启切割氧气阀门，当看到钢水被氧射流吹掉，再加大切割气流，待听到"噗、噗"声时，便可按所选择的切割工艺参数进行切割。

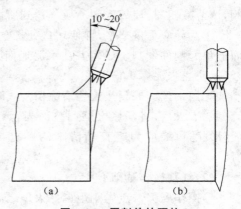

图 4-26 厚割件的预热
(a)开始预热 (b)起割前预热

4）切割。在切割过程中，应经常注意调节预热火焰，使之保持中性焰或微弱的氧化焰，焰芯尖端与割件表面距离 3～5mm。基本保持熔渣的流动方向与切口垂直，后拖量尽量小。注意调整割嘴与割件表面间的距离和割嘴倾角，注意调节切割氧气压力与控制切割速度，防止鸣爆、回火和熔渣溅起、灼伤。

切割厚钢板时，因切割速度慢，为防止切口上边缘产生连续珠状渣、上缘被熔化成圆角和减少背面的粘附挂渣，应采取较弱的火焰能率。注意身体位置的移动，切割长的板材或做曲线形切割时，一般切割长度应每 300～500mm 移动一次操作位置。移位时，应先关闭切割氧调节阀，将割炬火焰抬离割件，再移动身体的位置。继续切割时，焊嘴一定要对准割透的接割处并预热到燃点，再缓慢开启切割氧调节阀继续切割。若在气割过程中，发生回火而使火焰突然熄灭，应立即将切割氧气阀关闭，同时关闭预热火焰的氧气调节阀，再关乙炔阀，过一段时间再重新点燃火焰进行切割。

5）气割终结。气割临近结束时，应将割嘴后倾一定角度，使钢板下部先割透，然后再将钢板割断。切割完毕应及时关闭切割氧调节阀并抬起割炬，再关乙炔调节阀，最后关闭预热氧气调节阀。工作结束（或较长时间停止切割）后应将氧气瓶阀关闭，松开减压器调压螺钉，将氧气橡胶管中的氧气放出，同时关闭乙炔瓶阀，放松减压调节螺钉，将乙炔橡胶管中的乙炔气放出。

二、常用型钢气割操作要点

常用型材的气割操作要点见表 4-13。

表 4-13 常用型材的气割操作要点

型 钢	操 作 要 点
角钢的气割	站放位置时原则上先割平面,然后从下往上割垂直边; 扣放位置则应从右往左割,图中点划线是割嘴的倾角方向 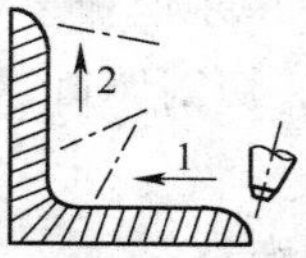 站放位置 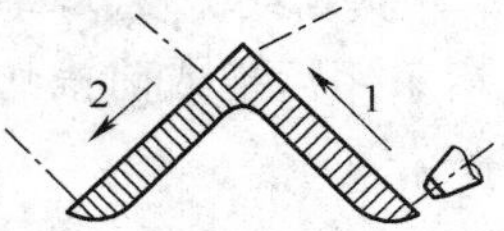　　　　　　扣放位置
槽钢的气割	站放位置应从下向上先割,然后再从槽钢里面气割 2、3 两处,事先应做好槽钢割断瞬间倾倒的安全防护; 躺放位置从槽钢槽口处开割,按图示路线进行气割 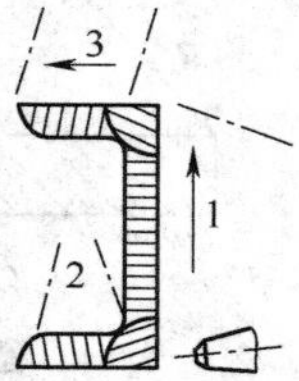 站放位置 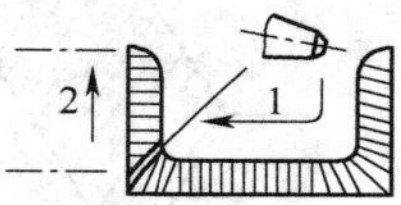　　　　　　躺放位置
工字钢的气割	站放位置从工字钢的下盖板起割,沿图示路线气割,在拐弯处割嘴要稍微抬高一点,不使其产生较深的沟槽; 躺放位置按图示 1、2、3 顺序进行气割 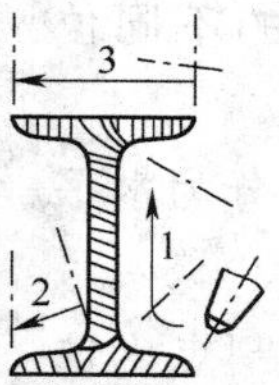 站放位置 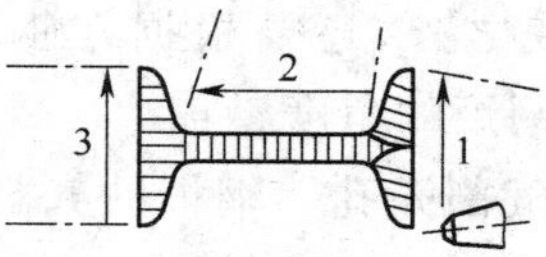　　　　　　躺放位置
圆钢的气割	直径不大时可一次割断,从一侧向另一侧移动,使侧面被预热到足够的温度,逐渐打开气割氧,同时将割嘴从水平方向转成垂直方向,加大风线,当圆钢被割透就向前移动割嘴,直至全部割断; 直径较大时,很难一次割透,这时要采用分成二瓣割、三瓣割的气割法;但分瓣割出的断口质量不如一次割出的好 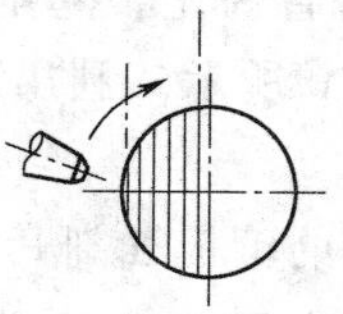 一次割断 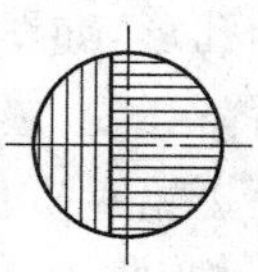　　　分两瓣割断 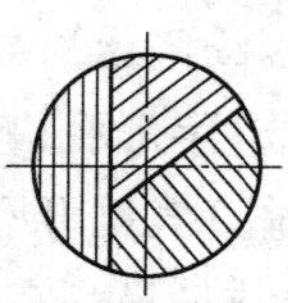　　　分三瓣割断

三、气割技能训练示例

(1)坡口的气割

①钢板坡口的气割。无钝边V形坡口如图4-27所示。首先,要根据厚度δ和单位坡口角度α计算划线宽度b,$b=\delta\tan\alpha$,并在钢板上划线。调整割炬角度符合α角的要求,然后采用后拖或前推的操作方法切割坡口,如图4-28所示。

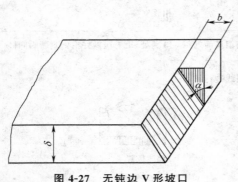

图 4-27 无钝边 V 形坡口

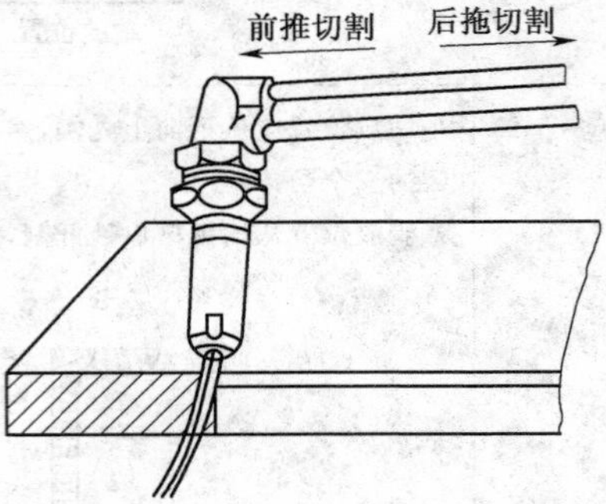

图 4-28 操作方法

②钢管坡口的气割。如图4-29所示,先由$b=(\delta-p)\tan\alpha$计算划线宽度b,并沿外圆周划出切割线。调整割炬角度α、沿切割线切割。切除时除保持割炬的倾角不变之外,还要根据在钢管上的不同位置,不断调整好割炬的角度。

(2)钢板的气割开孔 钢板的气割开孔分为水平气割开孔和垂直气割开孔两种。

①钢板水平气割开孔。气割开孔时,起割点应选择在不影响割件使用的部位,在厚度大于30mm的钢板开孔时,为了减少预热时间,錾子可将起割点铲毛,或在起割点用电焊焊出一个凸台。将割嘴垂直于钢板表面,采用较大能率的预热火焰加热起割点,待其

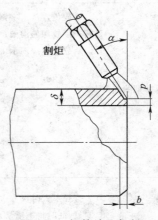

图 4-29 钢管坡口气割

呈亮红色时,将割嘴向切割方向后倾20°左右,慢慢开启切割氧调节阀。随着开孔度增加,割嘴倾角应不断减小,直至与钢板垂直为止。起割孔割穿后,即可慢慢移动割炬沿切割线割出所要求的孔形,如图4-30所示。利用上述方法也可以切割图4-31所示的"8"字形孔。

②钢板垂直气割开孔。处于铅垂直位置的钢板气割开孔的操作方法与水平位置气割基本相同,只是在操作时割嘴向上倾斜,并向上运动以便预热待割部分,如图4-32所示。待割穿后,可将割炬慢慢移至切割线割出所需孔洞。

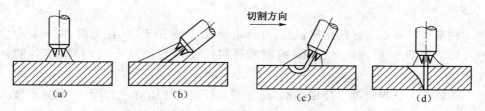

图 4-30　钢板水平气割开孔

(a)预热　(b)起割　(c)开孔　(d)割穿

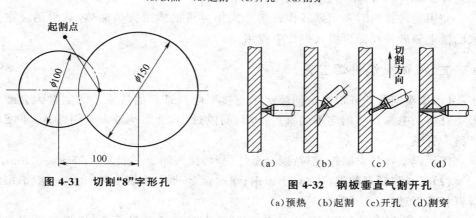

图 4-31　切割"8"字形孔

图 4-32　钢板垂直气割开孔

(a)预热　(b)起割　(c)开孔　(d)割穿

第六节　气体火焰钎焊

一、概述

(1)火焰钎焊原理　利用气体火焰将钎料熔化成液态,并使液态钎料填满钎焊金属结合面的间隙而形成牢固接头的一种焊接方法称为气体火焰钎焊。

钎焊的必要条件是液态钎料与母材金属有良好的润湿性,可以相互溶解、相互扩散而成金属间的牢固连接。

钎焊过程中母材金属并不熔化,焊件的形状和尺寸保持不变。钎焊特别适于对已加工的零件之间的焊接以及异种金属间的焊接。机加工中的硬质合金刀具的焊接、空调器中铜管焊接即是钎焊应用的两个实例。

(2)钎料和钎剂

①钎料。钎料是将母材金属牢固结合成一体的材料。对它的基本要求有两项:一是熔点比母材金属低 40℃～60℃,但要高于钎焊接头的工作温度,否则,接头在工作时将失效;二是要具有良好的润湿性,与母材金属有相互扩散的能力。按照熔点不同,钎料分为软钎料和硬钎料两种。硬钎料熔点在 450℃ 以上常用于火焰钎焊;软钎料如焊锡,常用铬铁加热焊接。

常用的硬钎料有银基钎料、铜基钎料和铝基钎料三种,铜基钎料使用最为广泛。

铜基钎料具有良好的耐腐蚀性,且价格便宜,普遍用于钢、合金钢、铜及其合金的钎焊中。型号为 BCu58ZnMn 的铜基钎料广泛用在硬质合金刀具、模具的钎焊中。

②钎剂。钎焊时都要使用熔剂,即钎剂。钎剂的作用有三方面:一是减小液体钎料的表面张力,提高钎料对焊件的润湿性能;二是清除母材金属表面的氧化物;三是保护焊件和液体钎料不被氧化。

使用铜锌钎料时采用硼砂作钎剂。操作时将铜棒用火焰加热,然后迅速在其表面撒上硼砂粉粒即可投入焊接中使用。

二、气体火焰钎焊工艺

(1)接头间隙 钎焊接头间隙大小直接影响到钎料的效果。间隙过大会破坏液态钎料的毛细管作用起不到钎焊作用;间隙过小,会影响液态钎料流入,不能填满整个钎缝。

使用铜基钎料对碳钢、铜及铜合金钎焊时,接头间隙一般为 0.05~0.20mm。

(2)钎料和钎剂的选择 对于碳钢、硬质合金、铜及铜合金的钎焊,一般采用铜锌钎料并以硼砂作为钎剂。

(3)焊前清理 钎焊前必须对表面进行清理,去除各种污物,以保证钎焊焊接性能良好。表面油污可用酒精、汽油等有机溶剂清洗。表面锈斑、氧化物可用锉刀、砂布打磨。

(4)操作要点

①对焊件预热。采用轻微碳化焰的外焰加热焊件,加热时焰芯距焊件表面10~20mm,适当加大受热面积。预热温度一般在 450℃~600℃之间。

②加入焊剂。当预热温度接近钎料的熔化温度时,应立即撒上钎剂,并用外焰加热使其熔化。

③钎料熔化。钎剂熔化后,立即将钎料与被加热到高温的焊件接触,利用焊件的高温使钎料熔化。待液态钎料溶入间隙后,火焰焰芯与焊件距离加大到 35~40mm,以防止钎料过热。焊件全部间隙都填满钎料,焊接结束。

三、气体火焰钎焊技能训练示例

(1)纯铜弯头与纯铜管子的钎焊 图 4-33 所示为散热器上纯铜弯头与铜管的钎焊示意图,要求在 2.8MPa 压力下无泄漏。钎焊过程如下:

①脱脂处理:焊接之前用蒸汽对焊接部位作脱脂处理。

②装配:在弯头每个脚上套上用直径为 0.7mm 钎料 HL204(铜磷钎料)割成的钎料圈,在钎焊时,可借助母材金属的热传导将其熔化,见图 4-33。

③操作要点。由于钎料 HL204 中的磷能还原铜中的氧化物,可起到钎剂的作

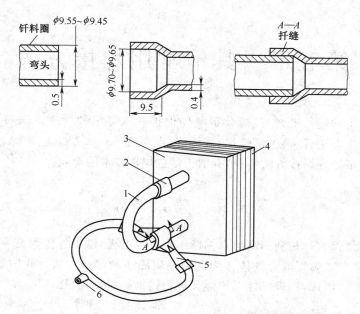

图 4-33 纯铜弯头和纯铜管子的钎焊
1. 铜弯头 2. 铜散热器管 3. 铝压板 4. 铝翅板 5. 焊嘴 6. 氧乙炔焊炬

用,因此不必另加钎剂。钎焊时,加热管子,待熔化的钎料溶入接头间隙即告焊接成功。

(2)硬质合金车刀火焰钎焊(图 4-34)

①焊前准备。采用喷砂或在碳化硅砂轮上用手工轻轻磨去硬质合金刀片的钎焊表面的表层。用锉刀将刀槽的毛刺清除干净,然后用汽油将粉尘除去,依图示位置将刀片放置在刀体上,待焊接。

②钎料和钎剂的选择。钎料一般选用 HL103 铜锌钎料,也可以采用 Hg221 锡黄铜焊丝或 HS224 硅黄铜焊丝。

钎剂一般用 QJ102 或用脱水硼砂。

③操作要点。将刀片放入刀槽后,用乙炔焰加热刀槽四周,直至呈暗红色,同时对刀片也稍为加

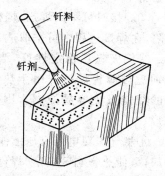

图 4-34 硬质合金车刀的钎焊

热。然后,用火焰加热焊丝,并蘸上钎剂 QJ102 待用。继续加热刀槽四周,至出现暗红色,应立即将蘸有钎剂的焊丝送入接头缝隙处,利用刀槽的热量使其快速熔化并渗入和填满间隙。

④焊后处理。钎焊后立即将刀具埋入草木灰中缓冷,或放入 370℃～420℃的炉中低温回火,保温 2～3 小时。

第五章 其他常用焊接方法

前面介绍的焊条电弧焊、熔化极气体保护和气焊三种焊接方法应用较普遍。其他常用焊接方法有:钨极氩弧焊、埋弧焊、电阻焊、碳弧气刨、电渣焊、扩散焊、螺柱焊等。了解这些焊接方法特点,有助于掌握焊接技术的全貌。

第一节 钨极氩弧焊

钨极气体保护焊是利用高熔点钨棒作为一个电极,以工件作为另一个电极,并利用氩气、氦气或氩氦混合气体作为保护介质的一种焊接方法。我国通常只采用氩气做保护气,因此,钨极气体保护焊又称为钨极氩弧焊,简称 TIG 焊。

一、钨极氩弧焊的特点

①用难熔金属钝钨或活化钨制作的电极在焊接过程中不熔化(属于非熔极气体保护焊),利用氩气隔绝大气,防止了氧、氮、氢等气体对电弧、熔池、被焊金属和焊丝的影响。因此,容易保持恒定的电弧长度,焊接过程稳定,焊接质量好。

②焊接时可不用焊剂,焊缝表面无熔渣,便于观察熔池及焊缝成形,及时发现缺陷,在焊接过程中可采取适当措施来消除缺陷。

③钨极氩弧稳定性好,当焊接电流小于 10A 时电弧仍能稳定燃烧。因此特别适合薄板焊接。由于热源和填充焊丝分别控制,热量调节方便,使输入焊缝的线能量更容易控制。因此,适于各种位置的焊接,也容易实现单面焊双面成形。

④氩气流对电弧有压缩作用,故热量较集中,熔池较小。由于氩气对近缝区的冷却,可使热影响区变窄,焊件变形量减小。焊接接头组织紧密,综合力学性能较好。在焊接不锈钢时,焊缝的耐腐蚀性特别是抗晶间腐蚀性能较好。

⑤由于填充焊丝不通过焊接电流,所以不会产生因熔滴过渡造成的电弧电压和电流变化引起的飞溅现象,为获得光滑的焊缝表面提供了良好的条件。钨极氩弧焊的电弧是明弧,焊接过程参数稳定,便于检测及控制,易于实现机械化和自动化焊接。

⑥钨极氩弧焊利用气体进行保护,抗侧向风的能力较差。熔深浅、熔敷速度小、生产率低。钨极有少量的熔化蒸发,钨微粒进入熔池会造成夹钨,影响焊缝质量,尤其是电流过大时,钨极烧损严重,夹钨现象明显。

⑦与焊条电弧焊相比,操作难度较大,设备比较复杂,且对工件清理要求特别高。生产成本比焊条电弧焊、埋弧焊和 CO_2 焊均高。

二、钨极氩弧焊的应用范围

钨极氩弧焊可以焊接所有金属材料,特别对易氧化的非铁金属及其合金、不锈钢、高温合金、钛及钛合金,以及难熔的活性金属(钼、铌、锆)等 3mm 以下薄板的焊接。钨极氩弧焊是目前适应范围最广的一种焊接方法,主要用于飞机制造、原子能、化工、纺织等金属结构的焊接生产。

对于难熔金属焊接,TIG 焊占有主导地位。

三、钨极氩弧焊设备的配置

钨极氩弧焊机通常由弧焊电源、控制系统、焊炬、供气系统和供水系统等部分组成。图 5-1 为手工钨极氩弧焊机的配置,如采用焊条电弧焊机作电源,则配用单独的控制箱。焊接电流较小时(<300A),采用空气冷却焊炬,不需要冷却系统。采用机械钨极氩弧焊机还应配有行走小车、焊丝送进机构等。

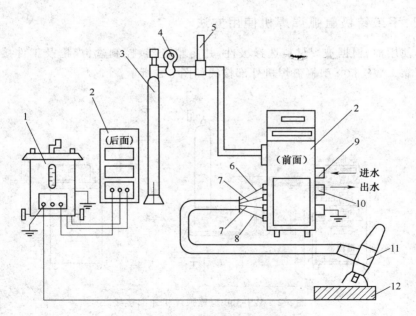

图 5-1　手工钨极氩弧焊机的配置

1.电源　2.控制箱　3.氩气瓶　4.减压阀　5.流量计　6.电缆　7.控制线
8.氩气管　9.进水管　10.出水管　11.焊炬　12.工件

注:钨极氩弧焊列为焊工职业技能考核项目之一。

(1)弧焊电源　钨极氩弧焊机要求使用具有陡降外特性电源,可以得到稳定的焊接电流。钨极氩弧焊机电源有直流、交流和脉冲电源3种,供不同情况下选用。一般情况下,采用直流电源正接方式(正极接工件)或使用交流电源进行焊接,在特定环境下,则使用脉冲电源。

(2)控制系统　手工钨极氩弧焊的控制系统一般包括引弧装置、稳弧装置、电磁气阀、电源开关、继电保护及指示仪表等部分。其动作由装在焊炬上的低压开关控制,即通过控制线路中的中间继电器、时间继电器及延时电路等对各系统工作程序实现控制。

(3)焊炬　焊炬用于夹持钨极,传导电流,向焊接区输出保护气体。焊炬的冷却方式有空冷和水冷两种。焊接电流在160A以上时,应采用水冷式焊炬。电流在160A以下的空冷焊炬结构简单、质量小,便于手持操作,应用广泛。

(4)供气系统　供气系统的作用是使钢瓶内的氩气按一定流量从焊炬的喷嘴送入焊接区。供气系统由氩气瓶、减压器、流量计和电磁气阀组成。

(5)供水系统　供水系统主要用来冷却焊接电缆、焊炬和钨棒。焊接电流小于160A时不必使用供水系统。供水系统中的水压开关,可以在水压过低时会自动断开控制系统电源,焊机停止工作,保护焊炬不被损坏。

四、手工钨极氩弧焊焊机使用方法

①使用前,根据被焊材料选择极性,并将整流器、控制盒、焊枪及工件接妥,接地要可靠。WS-300型氩弧焊机外部接线如图5-2所示。

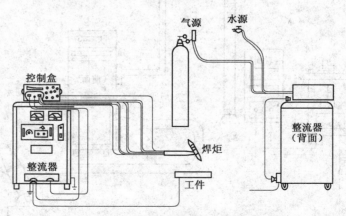

图5-2　WS-300型氩弧焊机外部接线

②接通焊接电源,气源及水源,接通并调整焊机的开关或旋钮。焊机开关及旋钮的调整见表5-1。

③按工艺要求检查或调节电流等参数。接通焊炬上的开关,引燃电弧进行焊接,停止焊接时关闭焊炬上的开关。

④关机时,关闭氩气瓶阀,打开检气开关,放出余气,使表压示值为0,松开减

压器开关,关好水源阀门,切断焊接电源。

表 5-1　焊机开关及旋钮的调整

开关或调节旋钮名称	调整位置	备　注
电源开关	"通"	弧焊整流器及控制盒上均有电源开关
焊接方法转换开关	"氩弧焊"	当整流器单独用作手工电弧焊时,应将转换开关扳到"弧焊"位置
电流衰减开关	"有"	如不需衰减,可扳至"无"位置
焊接电流旋钮	调整到所需量	—
衰减时间旋钮	调整到所需量	—
气体滞后时间旋钮	调整到所需量	—
长、短焊开关	"长焊"	如扳到"短焊"位置,一旦手把上的按钮松开,焊接电流即逐渐衰减
水冷、气冷开关	"水冷"	当水流量超过 1L/min 时,水流指示灯亮,焊机方能进入工作

五、钨极氩弧焊焊接材料

(1)保护气体　钨极氩弧焊的保护气体为氩气或氩与氦的混合惰性气体,并已装入专用钢瓶供使用。

(2)填充金属　钨极氩弧焊时,惰性气体仅起保护作用,主要靠填充金属调整焊缝成分,保证焊缝质量。填充金属由焊丝提供,因此,对焊丝要求较高,必须严格控制焊丝中的硫、磷、有害气体及杂质的含量。

目前我国尚无专用钨极氩弧焊焊丝标准,一般选用熔化极气体保护焊用焊丝或焊接用钢丝。焊接低碳钢及低合金高强度钢时一般按照等强度原则选择焊接用钢丝;焊接铜、铝、不锈钢时一般按照等成分原则选择熔化极气体保护焊焊丝、气焊丝或埋弧焊焊丝;焊接异种钢时,如果两种钢的组织不同,则选用焊丝时应考虑抗裂性及碳的扩散问题;如果两种钢的组织相同,而机械性能不同,则最好选用成分介于两者之间的焊丝。

实用上,填充金属焊丝已由工艺文件指定,操作者不必自行选用。

六、手工钨极氩弧焊操作要点

(1)焊炬的握法　用右手握焊炬,食指和拇指夹住焊炬前身部位,其余三指触及工件支点,也可用食指或中指作支点。呼吸要均匀,要稍微用力握住焊炬,保持焊炬的稳定,使焊接电弧稳定。关键在于焊接过程中钨极与工件或焊丝不能形成短路。

(2)引弧

①高压脉冲发生器或高频振荡器进行非接触引弧。将焊炬倾斜,使喷嘴端部边缘与工件接触,使钨极稍微离开工件,并指向焊缝起焊部位,接通焊炬上的开关,气路开始输送氩气,相隔一定的时间(2~7s)后即可自动引弧,电弧引燃后提起焊炬,调整焊炬与工件间的夹角开始进行焊接。

②直接接触引弧,但需要引弧板(紫铜板或石墨板),在引弧板上稍微刮擦引燃电弧后再移到焊缝开始部位进行焊接,避免在始焊端头出现烧穿现象,此法适用于薄板焊接。引弧前应提前5~10s送气。

(3)填丝 填丝方式和操作要点见表5-2。填丝时,还必须注意以下几点:

①必须等坡口两侧熔化后填丝。填丝时,焊丝和焊件表面夹角15°左右,敏捷地从熔池前沿点进,随后撤回,如此反复。

②填丝要均匀,快慢适当,送丝速度应与焊接速度相适应。坡口间隙大于焊丝直径时,焊丝应随电弧做同步横向摆动。

表 5-2 填丝方式和操作要点

填丝方式	操作要点	适用范围
连续填丝	用左手拇指、食指、中指配合动作送丝,无名指和小指夹住焊丝控制方向,要求焊丝比较平直,手臂动作不大,待焊丝快用完时前移	对保护层扰动小,适用于填丝量较大,强焊接参数下的焊接
断续填丝(点滴送丝)	用左手拇指、食指、中指捏紧焊丝,焊丝末端始终处于氩气保护区内;填丝动作要轻,靠手臂和手腕的上下反复动作将焊丝端部熔滴送入熔池	适用于全位置焊

(4)左焊法和右焊法

①左焊法。焊炬从右向左移动,电弧指向未焊部分,焊丝位于电弧前方,操作容易掌握,适用于薄件的焊接。

②右焊法。焊炬从左向右移动,电弧指向已焊部分,有利于氩气保护焊缝表面不受高温氧化,适用于厚件的焊接。

(5)焊接

①弧长(加填充丝)3~6mm,钨极伸出喷嘴端部的长度一般在5~8mm。钨极应尽量垂直焊件或与焊件表面保持较大的夹角(70°~85°),喷嘴与焊件表面的距离不超过10mm。

②厚度小于4mm的薄板立焊时采用向下焊或向上焊均可,4mm以上厚度的焊件一般采用向上立焊。

③为使焊缝得到必要的宽度,焊炬除了做直线运动外,还可以做适当的横向摆动,但不宜跳动。

④平焊、立焊、横焊时可采用左焊法或右焊法,一般都采用左焊法。平焊焊炬

角度与填丝位置如图 5-3 所示,立焊焊炬角度与填丝位置如图 5-4 所示,横焊焊炬角度与填丝位置如图 5-5 所示。

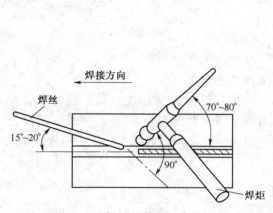

图 5-3 平焊焊炬角度与填丝位置

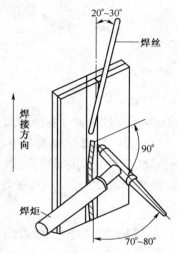

图 5-4 立焊焊炬角度与填丝位置

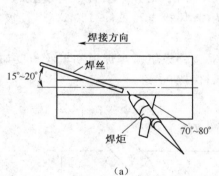

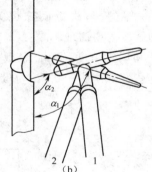

图 5-5 横焊焊炬角度与填丝位置

(a)横焊打底焊炬角度和填丝位置 (b)横焊盖面焊炬角度 $\alpha_1=95°\sim105°,\alpha_2=70°\sim80°$

⑤焊接时,焊丝端头应始终处在氩气保护区内,不得将焊丝直接放在电弧下面或抬得过高,也不让熔滴向熔池"滴渡"。填丝的位置如图 5-6 所示。

⑥操作过程中,如钨极和焊丝不慎相碰,发生瞬间短路,会造成焊缝污染。应立即停止焊接,用砂轮磨掉被污染处,直至磨出金属光泽,并将填充焊丝头部剪去一段。被污染的钨极应重新磨成形后,方可继续焊接。

(6)接头 在焊缝的接头处应注意下列问题:

①接头处要有斜坡,不能有死角。

②重新引弧位置在原弧坑后面,使焊缝重叠 20～30mm,重叠处一般不加或少加焊丝。

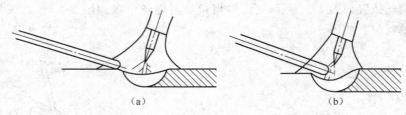

图 5-6 填丝的位置

(a)正确 (b)不正确

③熔池要贯穿到接头的根部,以确保接头处熔透。

(7)收弧 收弧时要采用电流自动衰减装置,以避免形成弧坑。没有该装置时,则应改变焊炬角度、拉长电弧、加快焊缝。管子封闭焊缝收弧时,多采用稍拉长电弧,重叠焊缝 20～40mm,重叠部分不加或少加焊丝。收弧后,应延时 10s 左右停止送气。

七、钨极氩弧焊技能训练示例

(1)铝合金板对接钨极氩弧焊平焊 母材为 A5083P-0,板厚 3.0mm;焊丝为 A5183-BY,直径 3.2mm,钨极直径 2.4mm。对接焊要注意焊缝正、反面成形特点。对 3mm 厚的板,根部间隙可为 0,焊接电流 90～120A。焊接坡口两侧各 50mm 宽的区域内要清理干净。

①焊炬和填丝角度。铝合金板对接钨极氩弧焊焊炬和填丝角度如图 5-7 所示。焊炬与焊缝成 70°～80°角,与母材保持 90°角。

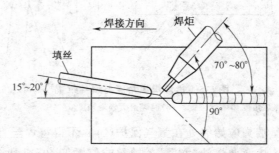

图 5-7 铝合金板对接钨极氩弧焊焊炬和填丝角度

②火口的填充方法。火口的填充方法有连续填充法和断续填充法两种。铝合金板对接钨极氩弧焊火口的连续填充法如图 5-8 所示,即在距焊缝终端 5mm 之前的位置,钨极瞬间停止移动,使焊丝较多地送入,填满火口,可以使火口处的焊缝宽度与高度同其他地方基本相当。

(2)薄板的板-板对接,V 形坡口立焊,单面焊双面成形的钨极氩弧焊
1)焊前准备。

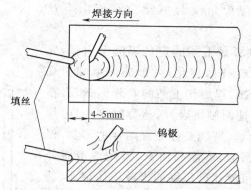

图 5-8 铝合金板对接钨极氩弧焊火口的连续填充法

①焊件材料:20 钢。

②焊件及坡口尺寸如图 5-9 所示。

③焊接位置为立焊。

④焊接要求单面焊双面成形。

⑤焊接材料:H08Mn2SiA,焊丝直径 ϕ2.5mm。

⑥焊机:NSA4-300,直流正接。

2)焊件装配。

①钝边 0~0.5mm,要求平直。

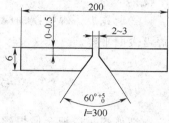

图 5-9 焊件及坡口尺寸

②清除坡口及其正反面两侧 20mm 范围内的油、锈及其他污物,至露出金属光泽,并再用丙酮清洗该区。

③装配。下端装配间隙为 2mm,上端装配间隙为 3mm。采用与焊件相同牌号的焊丝进行定位焊,并点于焊件正面坡口内两端,焊点长度为 10~15mm。预置反变形量 3。错边量≤0.6mm。

3)焊接参数。立焊焊接参数见表 5-3。

表 5-3 立焊焊接参数

焊接层次	焊接电流 /A	电弧电压 /V	氩气流量 /(L/min)	钨极直径 /mm	焊丝直径 /mm	喷嘴直径 /mm	钨极伸出长度 /mm	钨极至工件距离 /mm
打底焊	80~90							
填充焊	90~100	12~16	7~9	2.5	2.5	10	4~8	≤12
盖面焊	90~100							

4)操作要点及注意事项。立焊难度较大,熔池金属下坠,焊缝成形差,易出现焊瘤和咬边,施焊宜用偏小的焊接电流,焊炬做上凸月牙形摆动,并应随时调整焊炬角度控制熔池的凝固,避免铁水下淌。通过焊炬移动与填丝的配合,以获得良好

的焊缝成形。立焊焊炬角度与填丝位置如图 5-10
所示。

①打底焊。在试板最下端的定位焊缝上引弧,先
不加焊丝,待定位焊缝开始熔化,并形成熔池和熔孔
后,开始填丝向上焊接,焊炬作上凸的月牙形运动,在
坡口两侧稍停留,保证两侧熔合好,施焊时应注意,焊
炬向上移动速度要合适,特别要控制好熔池的形状,保
证熔池外沿接近椭圆形,不能凸出来,否则焊道将外
凸,使成形不良。尽可能让已焊好的焊道托住熔池,使
熔池表面接近一个水平面匀速上升,使焊缝外观较
平整。

②填充焊。焊枪摆动幅度稍大,保证两侧熔合好,
焊道表面平整。

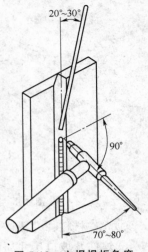

图 5-10   立焊焊炬角度
与填丝位置

<h1 style="text-align:center">第二节   埋   弧   焊</h1>

埋弧焊是以裸金属焊丝与焊件(母材)间所形成的电弧为热源,并以覆盖在电
弧周围的颗粒状焊剂作为保护的一种电弧焊方法。埋弧焊又称为焊剂层下自动电
弧焊。埋弧焊作为一种高效、优质的焊接方法,在工业生产中得到广泛应用。

一、埋弧焊的原理

埋弧焊的原理如图 5-11 所示。焊
剂 9 从导电嘴 10 流出后,均匀地堆敷
在装配好的母材 1 上,焊丝 11 被焊丝
送进轮 12 和控制箱 6 送入焊接电弧
区。焊接电源的两端分别接在控制箱
和焊件(母材)上。送丝机构、导电嘴
及控制箱装在一台小车上以实现焊接
电弧的移动。焊接过程是通过操纵控
制箱上的按钮开关来实现自动控制。

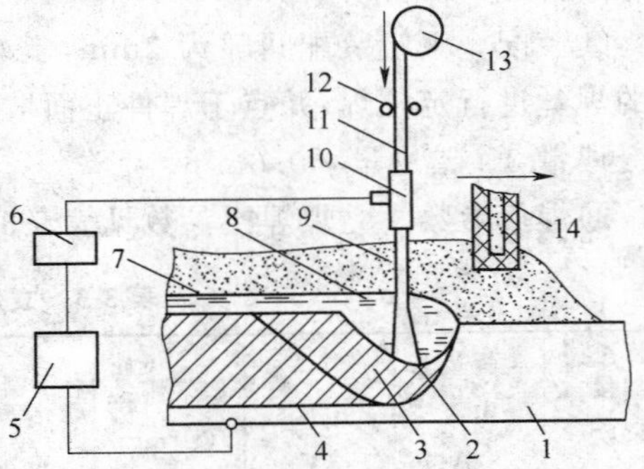

图 5-11   埋弧焊的原理

1. 母材   2. 电弧   3. 金属熔池   4. 焊缝金属
5. 焊接电源   6. 控制箱   7. 凝固熔渣   8. 熔融熔渣
9. 焊剂   10. 导电嘴   11. 焊丝   12. 焊丝送进轮
13. 焊丝盘   14. 焊剂输送管

二、埋弧焊的特点

(1)生产效率高   由于焊丝的导
电嘴伸出长度较短,故可采用较大的电流,而且焊剂和熔渣有隔热作用,使热效率
提高。因此,焊丝的熔化系数大,焊件熔深大,焊接速度快。

(2)焊缝质量好 一方面焊剂和熔渣隔绝了空气与熔池和焊缝的接触,故保护效果好,特别是在有风的环境中;另一方面,焊接参数可以通过自动调节保持稳定,因此,具有良好的综合力学性能。熔池结晶时间较长,冶金反应充分,缺陷较少,焊缝光滑、美观。

(3)节省焊接材料和电能 埋弧焊因熔深较大,与焊条电弧焊相比在同等厚度下不开坡口或只开小坡口,从而减少了焊缝中焊丝的填充量,也节省了加工工时和电能。而且由于电弧热量集中,减少了向空气中的散热及由于金属飞溅和蒸发所造成的热能损失与金属损失。

(4)适合厚度较大构件的焊接 它的焊丝伸出长度小,较细的焊丝可采用较大的焊接电流(埋弧焊的电源密度可达 $100 \sim 150 A/mm^2$)。

(5)劳动条件好 埋弧焊易实现自动化和机械化操作,劳动强度低,操作简单,而且没有弧光辐射,放出的烟尘少。

(6)埋弧焊的缺点 对接头的加工、装配要求很高,只能在水平或倾斜度不大的位置施焊。只适于长焊缝的焊接。对于铝焊缝、小直径环缝及狭窄位置的焊接受到一定的限制。不适合焊薄板。电流小于 100A,电弧稳定性很差。

三、埋弧焊的应用范围

埋弧焊的应用范围见表 5-4。埋弧焊还可用于焊接镍基合金和铜合金以及堆焊耐磨、耐蚀合金、复合钢材。在造船、锅炉、压力容器、桥梁、起重机械及冶金机械制造业中应用最广泛。

表 5-4 埋弧焊的应用范围

焊件材料	适用厚度/mm	主要接头形式
低碳钢、低合金钢	≥3～150	对接、T 形接、搭接、环缝、电铆焊、堆焊
不锈钢	≥3	对接
铜	≥4	对接

四、埋弧焊机

(1)半自动埋弧焊机 又称为手工操作埋弧焊机,它用来焊接不规则焊缝、短小焊缝,施焊空间受阻的焊缝。焊机的功能是将焊丝通过软管连续不断地送入施焊区,传输焊接电源,控制焊接起动和停止,向焊接区铺撒焊剂。半自动埋弧焊机典型组成如图 5-12 所示,MB-400A 型半自动埋弧焊机的技术参数见表 5-5。

注:埋弧焊列为焊工职业技能考核项目之一。

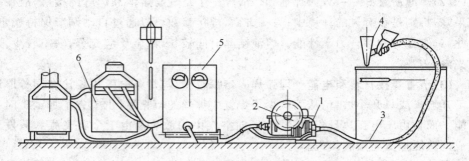

图 5-12　半自动埋弧焊机典型组成

1. 送丝机　2. 焊丝盘　3. 送丝软管(电缆)　4. 焊炬　5. 控制箱　6. 焊接电源

表 5-5　MB-400A 型半自动埋弧焊机的技术参数

电源电压/V	220	焊丝盘容量/kg	18
工作电压/V	25～40	焊剂漏斗容量/L	0.4
额定焊接电流/A	400	焊丝送进速度调节方法	晶闸管调速
额定负载持续率(%)	100	焊丝送进方式	等速
焊丝直径/mm	1.6～2	配用电源	ZX-400

(2)自动埋弧焊机　自动埋弧焊机用于焊接规则的长焊缝,其主要特点是连续不断地向电弧焊接区输送焊丝、传输焊接电源、使电弧焊沿焊缝均匀移动、控制电弧的能量参数、控制焊接起动和停止、向焊接区铺撒焊剂、焊前调节焊丝末端位置、预置有关焊接规范参数。常用的自动埋弧焊机有等速送丝和变速送丝两种,一般由焊接电源、控制箱和焊接小车三部分组成。

五、埋弧焊焊缝成形装置

(1)焊剂垫　自动埋弧焊时,为防止熔渣和熔池金属流失,促使焊缝背面的成形,则在焊缝背面加衬垫。

焊剂垫结构如图 5-13 所示。焊接时,要始终保持焊剂垫与焊件背面贴紧,且整个焊缝长度上使焊剂垫的承托力均匀,以保证焊缝的质量和良好的成形。在焊接过程中,要注意避免因工件受热变形而引起焊件与焊剂垫脱空的现象。焊剂垫上的焊剂应尽可能与焊接所用的焊剂一致,通常采用焊接后回用的焊剂,但需经筛选、清洁(去灰)和烘干。

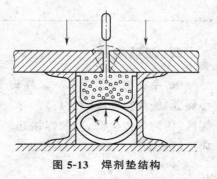

图 5-13　焊剂垫结构

①常用焊剂垫如图 5-14 和图 5-15。

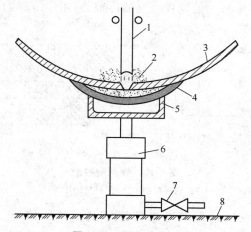

图 5-14　焊剂垫(一)

1. 焊丝　2. 焊剂　3. 焊件　4. 橡胶托垫　5. 槽钢　6. 气缸　7. 气阀　8. 底座

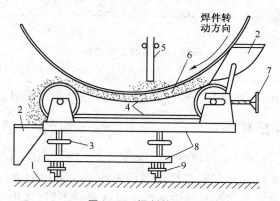

图 5-15　焊剂垫(二)

1. 轨道　2. 焊剂漏斗　3. 升降调节手轮　4. 焊剂输送带　5. 焊丝

6. 焊剂　7. 输送带调节手轮　8. 槽钢架　9. 行走轮

②热固化焊剂垫,如图 5-16 所示。热固化焊剂垫长约 600mm,利用磁铁夹具固定于焊件底部。这种衬垫柔性大、贴合性好、安全方便、便于保管。

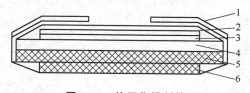

图 5-16　热固化焊剂垫

1. 双面粘接带　2. 热收缩薄膜　3. 玻璃纤维布　4. 热固化焊剂　5. 石棉布　6. 弹性垫

(2)焊剂铜衬垫　大型工件的直焊缝通常采用焊剂铜衬垫,如图 5-17 所示。

铜衬垫的两侧通常各配有一块同样长度的冷铜块,用于冷却铜衬垫。

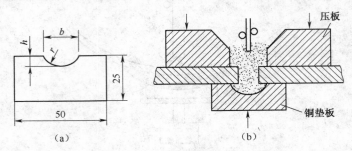

图 5-17   焊剂铜衬垫
(a)铜衬截面 (b)铜衬垫的压紧

(3)临时工艺垫板 通常采用薄钢带、石棉绳或石棉板。临时工艺垫板如图5-18 所示。

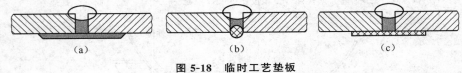

图 5-18   临时工艺垫板
(a)薄钢带   (b)石棉绳   (c)石棉板

焊接完毕后,有专门的焊剂回收机将焊剂收回,以备再使用。

六、埋弧焊焊接材料

埋弧焊焊接材料有焊丝和焊剂。

(1)焊丝 埋弧焊焊丝有实芯焊丝和药芯焊丝。常用的焊丝一般使用实芯焊丝,在特殊要求时使用药芯焊丝。按所焊金属材料的不同,选用不同的焊丝。常用的焊丝有碳素结构钢焊丝、合金结构钢焊丝、高合金钢焊丝、不锈钢焊丝、铜及铜合金焊丝。

在焊接工艺文件中已规定了焊丝的种类和规格。操作者不必另行选取。

(2)焊剂 针对不同的焊丝应配用不同的焊剂,一般都要配对使用。碳素钢埋弧焊用焊剂、低合金钢埋弧焊用焊剂、不锈钢埋弧焊用焊剂分别与碳素钢焊丝、低合金钢焊丝和不锈钢焊丝配对使用。

七、埋弧焊操作要点

(1)焊前准备
①确定并加工坡口尺寸。
②清理焊接部位。
③装配焊件,并用定位焊固定。

（2）对接接头单面焊

①采用焊剂垫法焊接。焊剂以一定压力衬托在焊件背面，帮助焊缝形成。由于焊接时要求焊剂始终与焊件紧贴，一般用压力架来压紧（如图5-13所示）。在焊接接头空间均匀撒布焊剂后即可使用焊丝引弧进行埋弧焊接。

②采用铜垫法焊接。如图5-17所示，待铜垫压紧后，将焊剂撒布在接头空间，令焊丝在焊剂内引燃进行焊接。

八、埋弧焊技能训练示例

中厚板平板对接V形坡口双面焊。

（1）焊前准备

①焊接设备：MZ-1000自动埋弧焊机。

②焊接材料：焊丝H08A、直径4mm；焊剂HJ431；定位焊条E4315，$d=4mm$。

③焊件：材料20钢、装配如图5-20。

④低碳钢引弧板100mm×100mm×10mm两块，侧挡板100mm×100mm×6mm四块。

⑤紫铜垫槽如图5-19所示。

（2）焊件装配

①清除坡口面及正反两侧20mm范围内油、锈和其他污物。

②按图5-20所装配，间隙2～3mm，错边≤1.4mm，变形3°～4°。

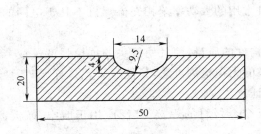

图5-19 紫铜垫槽

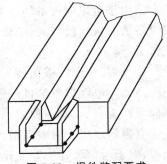

图5-20 焊件装配要求

（3）焊接参数（表5-6）

表5-6 焊接参数

焊接位置	焊丝直径/mm	焊接电流/A	电弧电压/V	焊接速度/(m/h)	间隙/mm
正面	4	600～700	34～38	25～30	2～3
反面		650～750	36～38		

（4）操作要点

①将焊件水平置于焊剂垫上，V形口朝上，采用多层焊接。焊完正面焊缝后清

渣,翻转焊件,采用单层单焊点,焊反面焊缝。

②正面焊从间隙为 2mm 处开始焊接,每焊一道后都要清渣,再焊下一道;覆盖层余高 0～4mm。

③反面焊时电流可大一些,焊速慢一点,保证焊缝质量。

第三节　电　阻　焊

焊件组合后通过电极施加压力,利用电流通过接头的接触面及邻近区域产生的电阻热进行焊接的方法称为电阻焊。主要分为点焊、缝焊、凸焊和对焊。

一、电阻焊的特点和应用范围

①电阻焊是利用焊件内部产生的电阻热(属于内部分布能源)由高温区向低温区传导,加热并熔化金属实现焊接的。电阻焊的焊缝是在压力下凝固或聚合结晶,属于压焊范畴,具有锻压特性。由于焊接热量集中,加热时间短,焊接速度快,热影响区小,焊接变形与应力也较小,焊后不需要校正及焊后热处理。

②不需要焊条、焊丝、焊剂、保护气体等焊接材料,焊接成本低。电阻焊的熔核始终被固体金属包围,熔化金属与空气隔绝,焊接冶金过程比较简单。操作简单,易于实现自动化,劳动条件较好。生产率高,可与其他工序一起安排在组装焊接生产线上。但是闪光焊因有火花喷溅,尚需隔离。

③由于电阻焊设备功率大,焊接过程的程序控制较复杂。自动化程度较高,使得设备的一次性投资大,维修困难,而且常用的大功率单相交流焊机不利于电网的正常运行。

④点焊、缝焊的搭接接头不仅增加构件的质量,而且使接头的抗拉强度及疲劳强度降低。电阻焊质量目前还缺乏可靠的无损检测方法,只能靠工艺试样、破坏性试验来检查,以及靠各种监控技术来保证。

电阻焊适用于对碳素钢、合金钢、铝合金板材的焊接,广泛应用于航空、航天、能源、电子、汽车、轻工等工业部门。

二、电阻焊设备

(1)电阻焊机　电阻焊设备统称为电阻焊机。常用的电阻焊机分类见表 5-7。

表 5-7　电阻焊机的分类

焊机类别	特　点	用　途
点焊机	以强大电流短时间通过被圆柱形电极压紧的搭接工件,在电阻热及压力下形成焊点	用于金属板材的搭接连接,代替铆接

注:电阻焊列入焊工职业技能考核项目之一。

续表 5-7

焊机类别	特 点	用 途
缝焊机	结构类似点焊机,但电极是一对旋转的滚轮,电流一般断续通过,各个焊点彼此部分地相互重叠形成连续的焊缝,按滚轮转动方向可分为纵向缝焊机和横向缝焊机	用于薄板气密性容器的焊接
凸焊机	薄焊件事先冲出凸点,在电极通电加压下,凸点被压平形成焊点;焊机结构类似点焊机,但电极为板状,且压力较大	用于薄件、薄件与厚件及有镀层零件的焊接
对焊机	除了有与点焊机相似的电力系统和加压机构外,还有夹紧工件的机构、使工件轴向移动并加压的装置和控制电路,对焊机的焊接电流和压力一般都比较大。对焊机按焊接工艺要求,分为电阻对焊机、连续闪光对焊机和预热闪光对焊机	用于棒材、线材的对接焊

(2)电阻焊机的组成 电阻焊机由 3 部分组成:

①主电力部分包括电阻焊变压器和焊接电流回路两种,提供焊接能源。

②压力传动机构包括夹紧机构、电极加压机构和送料顶锻机构,为连续焊接提供必需条件。

③控制系统包括开关设备、程序控制器和机械传动控制三部分。

三、点焊

(1)点焊的原理 点焊是将焊件组装成搭接接头,并在两电极之间压紧,电流在接触处便产生电阻热,当焊件接触加热到一定的程序时断电(锻压),使焊件可以圆点熔合在一起而形成焊点。焊点形成过程可分为焊件压紧、通电加热进行焊接、断电(锻压)3 个阶段。点焊焊接过程如图5-21 所示。

(2)点焊的特点

①焊件间靠尺寸不大的熔核进行连接。熔核应均匀、对称分布在两焊件的结合面上。焊接电流大,加热速度快,焊接时间短,仅需要千分之几秒到几秒时间。

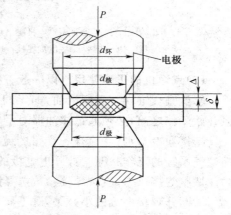

图 5-21 点焊焊接过程

②焊接时不用填充金属、焊剂,焊接成本低。操作简单,易于实现自动化,生产效率高,劳动条件好。

(3)点焊的应用范围 广泛应用于汽车驾驶室、轿车车身、飞机机翼、建筑用钢筋、仪表壳体、电器元件引线、家用电器等。可焊接低碳钢、低合金钢、镀层钢、不锈钢、高温合金、铝及铝合金、钛及钛合金、铜及铜合金等。可焊不同厚度、不同材料的焊件。最薄可点焊 0.005mm,最大厚度低碳钢一般为 2.5～3.0mm,小型构件 5～6mm,特殊情况可达 10mm;钢筋和棒料的直径可达 25mm;铝合金电阻点焊的最大厚度为 3.0mm;耐热合金为 3.0mm,低合金钢、不锈钢＜6mm;不等厚度时,厚度比一般不超过 1.3。

(4)点焊设备　点焊设备又称为点焊机。点焊机由变压器、机身、电极和控制部分组成。图 5-22 所示为典型的固定式点焊设备。汽车车身制作时,由人工操作的点焊枪,属于悬持式可移动点焊设备。

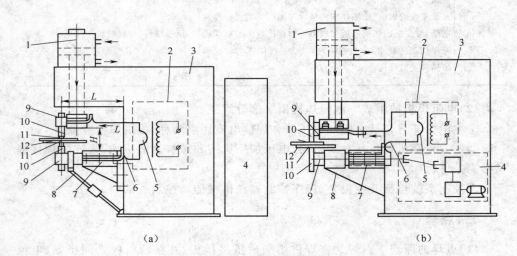

(a)　　　　　　　　　　　　　(b)

图 5-22　点焊机和缝焊机

(a)点焊机　(b)缝焊机

1. 加压机构　2. 焊接变压器　3. 机座　4. 控制箱　5. 二次绕组　6. 柔性母线　7. 支座
8. 撑杆　9. 机臂　10. 电极握杆　11. 电极(缝焊为旋转滚轮电极)　12. 焊件

(5)点焊机的正确使用　以一般工频交流点焊机为例说明点焊机的调节步骤:

①检查气缸内有无润滑油,如无润滑油会很快损坏压力传动装置的衬环。每天开始工作之前,必须通过注油器对滑块进行润滑。

②接通冷却水,并检查各支路的流水情况和所有接头处的密封状况。检查压缩空气系统的工作状况。拧开上电极的固定螺母,调节好行程,然后把固定螺母拧紧。调整焊接压力,应按焊接参数选择适当的压力。

③断开焊接电流的小开关,踩下脚踏开关,检查焊机各元件的动作,再闭合小开关、调整好焊机。标有电流"通"、"断"的开关能断开和闭合控制箱中的有关电气部分,使焊机在没有焊接电源情况下进行调整。在调整焊机时,为防止误接焊接电源,可取下调节级数的任何一个闸刀。

④焊机准备焊接前,必须把控制箱上的转换开关放在"通"的位置,待红色信号

灯发亮。装上调节级数开关的闸刀,选择好焊接变压器的调节。打开冷却系统阀门,检查各相应支路中是否有水流出,并调节好水流量。

⑤把焊件放在电极之间,并踩下脚踏开关的踏板,使焊件压紧,做一工作循环;然后把焊接电源开关放在"通"的位置,再踩下脚踏开关即可进行焊接。

⑥焊机次级电压的选择由低级开始,时间调节的"焊接"、"维持"延时,应按焊接参数决定。"加压"及"停息"延时应根据电极工作行程在切断焊接电流后进行调节。

当焊机短时停止工作时,必须将控制电路转换开关放在"断"的位置,切断控制电路,关闭进气、进水阀门。当较长时间停止工作时,必须切断控制电路电源,并停止供应水和压缩空气。

(6)点焊过程　点焊过程一般由预压、通电加热和冷却结晶 3 个阶段构成。

①预压阶段。又称加压阶段,作用是使焊件的焊接部位形成紧密的接触点。所以电极压力应在焊接电流接通以前即应达到焊接参数规定的数值。否则,如电流闭合瞬间的电极压力不够大,则接触电阻就很大。于是在接触电阻处产生很多热量,造成金属熔化,产生初期飞溅,焊件与电极都可能被烧坏。

②通电加热阶段。加热阶段的时间很短,而且加热的不均匀性很大。由于中间金属柱部位的电流密度最大,所以加热最为强烈。在电阻热及电极的冷却作用下,使焊点的核心加热最快。焊点核心的金属熔化、结晶后,在两个焊件之间形成了牢固结合。

③冷却结晶阶段。又称锻压阶段,切断电流后,熔核在电极压力作用下,以极快的速度冷却结晶。熔核结晶是在封闭的金属横内(塑性环)进行的,结晶不能自由收缩,电极压力可以使正在结晶的组织变得致密,而不至于产生疏松或裂纹。因此,电极压力必须在结晶完全结束后才能解除。

(7)点焊焊接结构的缺陷及改进措施　点焊焊接结构的缺陷及改进措施见表5-8。

表 5-8　点焊焊接结构的缺陷及改进措施

缺陷种类	产生的可能原因	改　进　措　施
焊点间板件起皱或鼓起	1. 装配不良、板间间隙过大 2. 焊序不正确 3. 机臂刚度差	1. 精心装配、调整 2. 采用合理焊序 3. 增强刚度
搭接边错移	1. 没定位点焊或定位点焊不牢 2. 定位焊点间距过大 3. 夹具不能保证夹紧焊件	1. 调整定位点焊焊接参数 2. 增加定位焊点 3. 更换夹具
接头过分翘曲	1. 装配不良或定位焊距离过大 2. 参数过软、冷却不良 3. 焊序不正确	1. 精心装配、增加定位焊点数量 2. 调整焊接参数 3. 采用合理焊序

四、缝焊

(1)缝焊的原理　工件装配搭接或对接接头并置于两滚轮之间,滚轮加压工件并转动,连续或断续送电,使之形成一条连续焊缝的电阻焊方法称为缝焊,如图5-23所示。

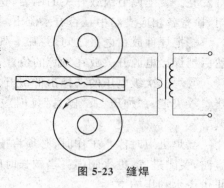

图 5-23　缝焊

(2)缝焊的特点

①焊件不是处在静止的电极压力下,而是处在滚轮旋转的情况下,因此会降低加压效果。

②焊件的接触电阻比点焊小,而焊件与滚轮之间的接触电阻比点焊时大。

③前一个焊点对后一个焊点的加热有一定的影响。这种影响主要反映在分流影响和热作用两个方面。缝焊时有一部分焊接电流流经已经焊好的焊点,削弱了对下一个正在焊接的焊点加热。另外,由于焊点靠得很近,上一个焊点焊接时会对下一个焊点有预热作用,有利于加热。

④滚轮连续滚动,在焊件各点的停止时间短,焊件表面散热条件较差。焊件表面易过热,容易与滚轮粘结而影响表面质量。

(3)缝焊的应用范围

①缝焊广泛用于油桶、罐头桶、暖气片、飞机和汽车油箱等密封容器的薄板焊接。

②可焊接低碳钢、合金钢、镀层钢、不锈钢、耐热钢、铝及铝合金、铜及铜合金等金属。

(4)缝焊的类型　缝焊类型有连续缝焊、断续缝焊、步进缝焊三种类型。

(5)缝焊设备　缝焊机与点焊机的主要区别(见图5-22)在于以旋转的滚轮电极代替固定的电极。

缝焊机的使用方法与点焊机类似。

五、对焊

(1)对焊的原理　对焊可分为电阻对焊和闪光对焊两种。将工件装配成对接接头,使其端面紧密接触,利用电阻加热至塑性状态,然后迅速施加顶锻力使之完成焊接的方法称为电阻对焊。对焊如图5-24所示。工件装配成对接接头,接通电源,并使其端面逐渐移近达到局部接触;利用电阻加热这些接触点(产生闪光),使端面金属熔化,直至端部在一定深度范围内达到预定温度时,迅速施加顶锻力完成焊接的方法称为闪光对焊。

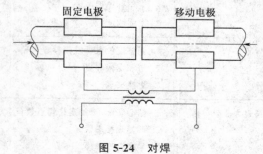

固定电极　　　　移动电极

图 5-24　对焊

（2）对焊的特点和应用范围 对焊的特点和应用范围见表 5-9。

表 5-9 对焊的特点和应用范围

对焊种类	特　　　点	所需设备	应用范围
电阻对焊（工频交流）	焊件先接触并加压，后通电，到一定塑性状态时，顶锻完成焊接；焊接面需严格清理干净，焊后接头外形匀称，但接头质量较差，所需电功率很大	最简单，一般为小型；所有对焊机均可	直径 20mm 以下的低碳钢棒料和管子，直径 8mm 以下的非铁金属
连续闪光对焊	先通电，再使两焊件接触，首先在接触处形成"过梁"而加热熔化，呈火花射出（闪光），并不断移近，成连续闪光；加热足够时，迅速移近，进行带电顶锻完成焊接；接头质量较高，焊前不需要对焊件进行清理，所需电功率较大	小型可手动；大型多采用液压和焊接参数的程序控制	各种材料重要件如棒料、管子、板材、型材、钢筋、钢轨、钻杆、锚链、刀具、汽车轮缘等

（3）对焊设备 对焊设备统称为对焊机。对焊机可按结构类型分为许多种，但它们的组成是相同的。

1）对焊机的配置。对焊机包括机架、静夹具、动夹具、闪光和顶锻机构、阻焊变压器和级数调节组，以及配套的电气控制箱。

①静夹具。通常固定安装在机架上并与机架上的电气绝缘。大多数焊机中还有活动调节部件，以保证电极和工件焊接时对准中心线。

②动夹具。安装在活动导轨上并与闪光和顶锻机构相连接。夹具座由于承受很大的钳口夹紧力，一般用铸件或焊件结构件。两个夹具上的导电钳口分别与阻焊变压器的二次输出端相连。钳口一方面夹持焊件，另外要向焊件传递焊接电流。

③闪光和顶锻机构。其类型取决于焊机的大小和使用的要求。有的采用电动机驱动凸轮机构，中等功率的对焊机采用气压-液压联合闪光和顶锻机构。大功率对焊机采用液压传动机构，最简单的对焊机采用手工操作的杠杆扩力机构。

④阻焊变压器。对焊机的阻焊变压器和其他类型电阻焊机的阻焊变压器类似，它的一次绕组与二次调节组通过电磁接触器或由晶闸管组成的电子断路器和电网相连接，还可以配合热量控制器来进行预热或焊后热处理。

闪光对焊机的配置如图 5-25所示。

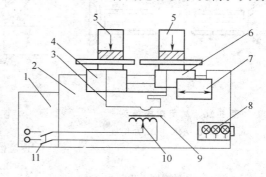

图 5-25　闪光对焊机的配置

1. 控制设备 2. 机身 3. 焊接回路 4. 固定座板 5. 夹紧机构 6. 活动座板 7. 送进机构 8. 冷却系统 9. 阻焊变压器 10. 功率调整机构 11. 主电力开关

2)对焊机的正确使用。焊机在安装前必须仔细检查各种元件是否在运输中受损伤。严防焊机受潮破坏绝缘,焊机必须可靠接地。按规定注油,空车检查气路、水路和电路是否正常。施焊时应注意安全,焊后应随时清理钳口及周围的金属末(屑)。

(4)对焊工艺

1)对焊常用接头形式。

①电阻对焊接头均设计成等截面的对接接头。常用对接接头如图 5-26 所示。

②闪光对焊常见的接头形式如图 5-27 所示。

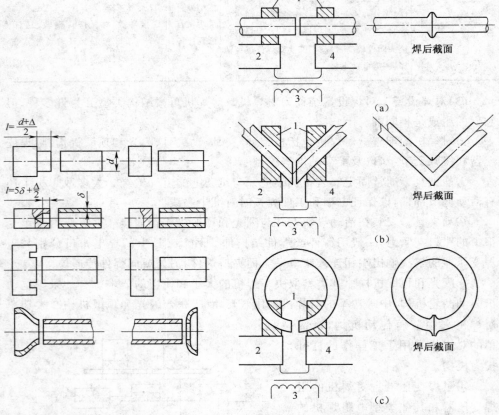

图 5-26　常用对接接头

d. 直径　δ. 壁厚　Δ. 总留量

图 5-27　闪光对焊常见的接头形式

(a)轴线对中接头　(b)斜角接头　(c)圆环接头

1. 夹钳　2. 固定台面　3. 变压器　4. 可动台面

2)电阻对焊的焊前准备。

①两焊件对接端面的形状和尺寸应基本相同,使表面平整并与夹钳轴线成 90°直角。

②焊件的端面以及与夹具的接触面必须清理干净。与夹具接触的工件表面的

氧化物和脏物可用砂布、砂轮、钢丝刷等机械方法清理,也可使用化学清洗方法(如酸洗)。

③电阻对焊接头中易产生氧化物夹杂,焊接质量要求高的稀有金属、某些合金钢和非铁金属时,可采用氢、氦等保护气体来解决。

3)电阻对焊焊接参数的选择。

①伸出长度。焊件伸出夹具电极端面的长度称为伸出长度。如果伸出长度过长,则顶锻时工件会失稳旁弯;伸出长度过短,则由于向夹钳口的散热增强,使工件冷却过于强裂,导致产生塑性变形的困难。伸出长度应根据不同金属材质来决定。如低碳钢为$(0.5\sim1)D$,铝为$(1\sim2)D$,铜为$(1.5\sim2.5)D$(其中D为焊件的直径)。

②焊接电流密度和焊接通电时间。在电阻对焊时,工件的加热主要决定于焊接电流密度和焊接时间。两者可以在一定范围内相应地调配,可以采用大焊接电流密度和短焊接时间(硬规范),也可以采用小焊接电流密度和长焊接时间(软规范)。但是规范过硬时,容易产生未焊透缺陷,过软时,会使接口端面严重氧化,接头区晶粒粗大,影响接头强度。

③焊接压力和顶锻压力。它们对接头处的发热和塑性变形都有影响。宜采用较小的焊接压力进行加热,而采用较大的顶锻压力进行顶锻。但焊接压力不宜太低,否则会产生飞溅,增加端面氧化。

(5)操作要点

①碳素钢对焊。随着钢中碳含量的增加,需要相应增加顶锻压力和预顶留量,如采用预热闪光对焊,要进行焊后热处理。

②不锈对焊。不锈钢闪光对焊顶锻压力应比焊低碳钢高$1\sim2$倍。

③合金钢对焊。采用闪光对焊时,顶锻压力和速度应加大,并进行焊后热处理。

④铝、铜等有色金属应采用闪光对焊,顶锻压力和速度应加大,焊后要热处理。

第四节　碳弧气刨

一、碳弧气刨的原理、特点和应用范围

(1)碳弧气刨的原理　碳弧气刨是使用石墨棒、碳棒与工件间产生的电弧将金属熔化,并用压缩空气将其吹掉,实现对金属进行气刨的一种工艺方法,如图5-28所示。

水碳弧气刨的原理是在一般碳弧气刨基础上,向电弧区喷入充分雾化的水珠,来吸附被吹除的熔化金属颗粒以及碳尘,以利改善作业环境,同时还可以压缩电

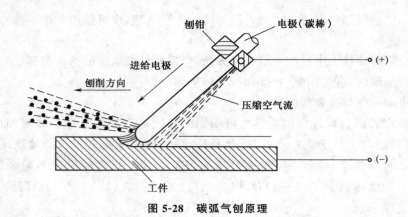

图 5-28　碳弧气刨原理

弧,使其热量集中,水碳弧气刨原理如图 5-29 所示。水碳弧气刨枪可用废旧的射吸式焊枪改制。

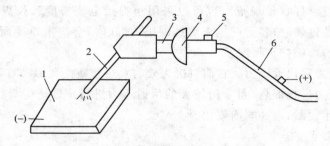

图 5-29　水碳弧气刨原理

1. 工件　2. 碳棒　3. 枪体　4. 防护罩　5. 水管接头　6. 风电合一碳弧气刨软管

(2)碳弧气刨的特点　优点是灵活性大,可进行全位置操作,即使狭窄的部位,操作也方便。碳弧气刨与用风铲或用砂轮开沟槽相比,噪声小,效率高。若是采用自动碳弧气刨,则可获得较高的加工精度,且劳动强度显著降低。用碳弧气刨清焊根、清除焊缝或铸件的缺陷时,容易发现各种细小的缺陷直至消除缺陷,有利于保证焊接质量。用氧乙炔焰气割不锈钢、铸铁较困难,而用碳弧气刨来切割则较容易实现,并能对铝、铜及其合金进行刨削。操作时对人员的技术要求不高,有利于推广应用。

碳弧气刨的缺点是碳弧有烟雾、粉尘污染以及弧光辐射,所以工作时应注意搞好通风防护措施。为了减少粉尘污染,可采用水弧碳刨割。对于某些强度等级高、冷裂纹十分敏感的合金钢厚板,不宜采用碳弧气刨或切割。

(3)碳弧气刨及切割应用范围　碳弧气刨设备简单、效率高,适用于低碳钢、低合金钢、铸铁、不锈钢、铝及铝合金、铜及铜合金的切割、开坡口、清理焊根、清除焊缝缺陷和铸造缺陷以及铸件的飞边、毛刺等,如图 5-30 所示。

注:碳弧气刨与气割一起,列为焊工职业技能"切割"的考核项目。

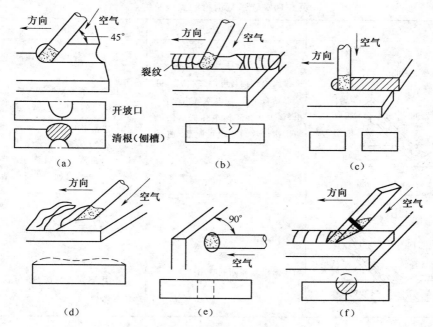

图 5-30　碳弧气刨及切割应用实例

(a)开坡口及清根(刨槽)　(b)去除缺陷　(c)切割　(d)清理表面　(e)打孔　(f)刨除余高

二、碳弧气刨设备

碳弧气刨设备包括电源、气刨枪、气冷电缆、碳棒和空气压缩机等。其设备组合如图 5-31 所示。

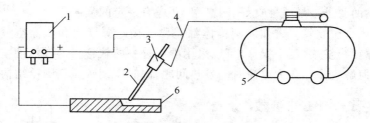

图 5-31　碳弧气刨设备组合

1. 电源　2. 碳棒　3. 气刨枪　4. 气冷电缆　5. 空气压缩机　6. 工件

(1)电源　碳弧气刨一般采用容量较大的直流弧焊电源。其额定电流值应≥500A。电源特性与焊条电弧焊相同,即电源具有陡降的外特性和良好的动特性,当采用整流电源时应注意防止过载。

(2)碳弧气刨枪　又称为碳弧气刨钳,要求导电性良好、压缩空气吹出集中而准确、碳电极夹持牢靠、外壳绝缘良好、体积小、使用方便等。碳弧气刨枪分为侧面送风式和圆周送风式两种,它们的类型及特点见表 5-10。

表 5-10   碳弧气刨枪的类型及特点

气刨枪类型	结构简述	应用特点
侧面送风式 气刨方向 ←　碳棒／钳口／压缩空气流	气刨枪结构与电焊钳相似,钳口端都钻有小孔,压缩空气由小孔喷出,集中吹在碳棒电弧的后侧,碳棒由钳口夹持。也可制成(前后)两侧送风式	1. 适用于各种直径碳棒和扁形碳棒 2. 压缩空气流贴紧碳棒吹出,始终能吹到熔化的铁水上,碳棒伸出长度调节方便 3. 碳棒前方金属不受冷却 4. 只能向左或向右单一方向进行气刨,在某些场合使用不够灵活
圆周送风式 气刨方向 ←　碳棒／弹性分瓣夹头／压缩空气流	结构与钨极氩弧焊枪类似,碳棒由弹性分瓣夹头夹持,压缩空气由出风槽沿碳棒四周吹出	1. 碳棒冷却均匀 2. 刨槽前无熔渣堆积,便于查清刨削方向 3. 适合各种位置操作 4. 使用不同直径碳棒时要更换弹性分瓣夹头

(3)气路系统   包括压缩空气源、管路、气路开关和调节阀。压缩空气压力应为 0.4~0.6MPa,对压缩空气中含有的水、油应加以限制,必要时要加过滤装置。

(4)碳棒   碳弧气刨所用的碳棒一般是镀铜实心碳棒,断面形状有圆碳棒和扁碳棒两种,圆碳棒主要用于焊缝背面清焊根或焊缝返修时清除缺陷;扁碳棒刨槽较宽,可以用于开坡口或切割铸铁、合金钢和非铁金属。

对碳棒的要求是导电性良好、耐高温,并应有一定的强度。

(5)电风合一软管   碳弧气刨枪体都需要连接电源导线和压缩空气软管。为了防止电源导线发热,便于操作,可以采用电风合一的软管。这样压缩空气可以冷却导线,不但解决了导线大电流时的发热问题,同时也使碳弧气刨枪结构简化。

三、碳弧气刨工艺参数

碳弧气刨的工艺参数包括电源极性、碳棒直径与电流、碳棒直径与板厚、碳棒伸出长度、碳棒倾角、压缩空气压力、电弧长度、刨削速度等。

(1)电源极性的选择   低碳钢、低合金钢和不锈钢进行碳弧气刨时,采用直流反接,即工件接负极,碳弧气刨枪接正极,如图 5-32 所示。用这种连接方式进行碳弧气刨时,电弧稳定,刨削速度均匀,电弧发出连续的"刷、刷"声,刨槽两侧宽窄一致,刨

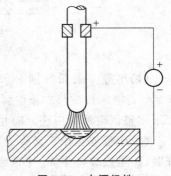

图 5-32   电源极性

槽表面光滑、亮泽。如果极性接错了,则电弧发生抖动,刨槽两侧呈现出与电弧抖动声相对应的圆弧状。如果发生此种现象,说明电源极性接错了。部分金属材料碳弧气刨时电源极性的选择要求见表5-11。

表 5-11　部分金属材料碳弧气刨时电源极性的选择要求

材料	电源极性	备　注	材料	电源极性	备　注
碳素钢	反接	正接时电弧不稳定,刨槽表面不光滑	铜及铜合金	正接	—
合金钢	反接		铅及铅合金	正接或反接	—
铸铁	正接	反接亦可,但操作性比正接差	锡及锡合金	正接或反接	—

(2)碳棒直径与电流的选择　一般碳弧气刨刨削电源与碳棒直径成正比关系,按下面经验公式选择电流

$$I = (35 \sim 50)d$$

式中,I 为刨削电流(A);d 为碳棒直径(mm)。

对于一定直径的碳棒,如果刨削电流较小,则电弧不稳,且容易产生夹碳现象;刨削电流过大时,刨槽宽度增大,刨槽深度也加深,碳棒烧损较快,甚至碳棒熔化,造成刨槽严重渗碳。正常情况下,碳棒发红长度约为25mm。碳棒直径的选择主要根据所需的刨槽宽度而定,碳棒直径越大,则刨槽越宽,一般碳棒直径应比所要求的刨槽宽度小4mm。

(3)碳棒直径与板厚的选择　碳棒直径的选择是根据被刨削的钢板厚度决定。钢板越厚,散热越快,所以要选择直径较大的碳棒。碳棒直径与板厚的关系见表5-12。

表 5-12　碳棒直径与板厚的关系　(mm)

钢板厚度	碳棒直径	钢板厚度	碳棒直径
—	—	8~12	6~7
4~6	4	>10	7~10
6~8	5~6	>15	10

碳棒直径的选择与刨槽宽度也有关系,碳棒直径一般比所要求的刨槽宽度小4mm为佳。若碳棒直径不能达到刨槽宽要求时,可采用多次气刨。

(4)刨削速度的选择　刨削速度对刨槽尺寸、表面质量和刨削过程的稳定性有一定的影响,刨削速度应与刨削电流大小及刨槽深度相匹配。刨削速度增加,刨槽宽度和刨槽深度减小。刨削速度太快,易造成碳棒与金属工件短路,电弧熄灭,形成刨槽夹碳缺陷。一般刨削速度为0.5~1.2m/min较合适。

(5)压缩空气压力的选择　压缩空气的主要作用是吹走被熔化金属。压力大小会直接影响到刨削速度和刨槽表面质量,压力高,可提高刨削速度和刨槽表面的光滑程度;压力低,则造成刨槽表面粘渣,压力低于0.4MPa就不能进行刨削。碳

弧气刨时,压缩空气的压力主要是由刨削电流决定的,当电流大时,熔化金属也增加;当电流较小时,高的压缩空气压力易使电弧不稳,甚至熄弧。一般要求压缩空气的压力为 0.4~0.6MPa。

(6)碳棒伸出长度的选择 碳棒从导电嘴到碳棒端点的长度为伸出长度,如图 5-33 所示。手工碳弧气刨时,伸出长度过大,导电嘴离电弧就远,电阻也增加,碳弧易发热,碳棒烧损也较大。并且造成压缩空气吹到熔化金属处的风力不足,不能将熔化金属顺利吹掉,不仅操作不方便,而且碳棒也容易折断,但是伸出长度过小,操作者要频繁地调整伸出长度,降低了刨削效率。外伸长度一般为 80~100mm。

需要指出,在手工碳弧气刨时,碳棒伸出长度是不断变化的,当伸出长度减少至 20mm 时,应将伸出长度重新调整至 80~100mm。

(7)碳棒与工件间夹角的选择 碳棒与工件沿碳弧气刨方向的夹角称为碳棒倾角,如图 5-34 所示,倾角的大小,主要会影响到刨槽深度和刨削速度。倾角增大,则刨削深度增加,刨削速度偏小;倾角减小,则刨削深度减小,刨削速度增大。一般手工碳弧气刨采用夹角 45°~60°为宜。

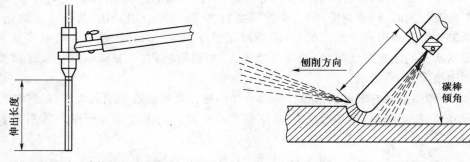

图 5-33　碳棒的伸出长度　　　　图 5-34　碳棒的倾角

(8)电弧长度的选择 碳弧气刨操作时,电弧长度过长会引起电弧很不稳定,甚至发生熄弧。因此,操作时要尽量采用短弧,这样不仅使碳弧气刨能顺利进行,而且可以提高生产率和电极的利用率,但电弧太短,容易引起"夹碳"缺陷。一般弧长为 1~2mm,在刨削过程中弧长应尽量保持不变,以保证刨槽尺寸均匀。

四、碳弧气刨操作要点

(1)刨削基本操作

①准备工作。清除工件表面污物,选定工艺参数,检查电源极性是否正确;电缆及气管是否完好,根据碳棒直径选择并调节电流;调节好出风口,使风口对准刨槽;碳棒伸出长度调至 80~100mm。

②引弧。与焊条电弧焊的引弧方法相似。由于焊机短路电流很大,引弧前应先送风冷却碳棒,否则碳棒很快会被烧红,而此时钢板处于冷态,来不及熔化,很容易造成夹碳。

对引弧处的槽深要求不同,引弧阶段运行的轨迹也不一样。如要求引弧处的槽深与整个槽的深度相同时,应按图 5-35a 所示,只将碳棒向下进给,暂时不往前运行,待刨到要求的槽深时,再将碳棒平稳地向前移动;如果允许开始时的槽浅一些,则碳棒一边往前移动,一边往下送进,如图 5-35b 所示。

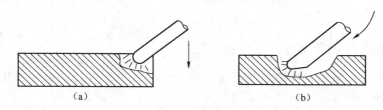

（a）　　　　　　　　　　　　　　（b）

图 5-35　引弧轨迹
(a)引弧处槽深与其他部位相同时　(b)引弧处槽深较浅时

③刨削。引弧以后,控制电弧长度在 $1\sim3mm$ 之间。刨削速度应稍慢,使钢板被充分加热,竖直刨削时,应从上到下进行。每小段刨槽衔接时,应在弧坑上引弧,防止触伤刨槽或产生严重凹痕。

刨削过程中,电弧长度、碳棒与刨槽夹角(一般为 45°)、刨削速度应保持稳定。碳棒中心线应与刨槽中心线保持一致,既不能横向摆动,也不能前后移动,只能沿刨槽方向进行直线运动,以便保证刨槽成形。槽的深浅要掌握准,操作时,眼睛要始终盯住准线,不得刨偏,同时还要顾及刨槽的深浅。如果一次刨槽不够宽,可以增大碳棒直径,也可以重复再刨几次。如果刨削厚钢板的深坡口,宜采用分段多层刨削法。刨削钢板表面缺陷时,不应损伤钢板。

排渣时,通常采用使压缩空气吹偏一点的刨削方式,把大部分渣翻到槽的外侧,但决不能吹向操作者所在位置的一侧,否则会引起烧伤。偏吹量也不能太多,只要稍微偏吹一点即可。

当操作过程中发现有夹碳、粘渣、铜斑等缺陷时,应及时采取措施排除缺陷,并对局部凹坑进行必要的补焊。有夹碳时,应在缺陷的前端引弧,然后将夹碳处刨掉;有粘渣时,应及时用鉴子将粘渣铲除;有铜斑时,应及时用钢丝刷刷净。

④收弧。要注意防止熔化的铁水留在刨槽里,若不把熔化的铁水吹净,焊接时容易引起弧坑缺陷。因此,碳板气刨收弧时要先断弧,过几秒钟后,再把气门关闭。

⑤结束。刨削完毕后,应先断弧,待碳棒冷却后再关闭压缩空气,使熔化金属吹干净。应用扁头(或尖头)手锤及时将熔渣除干净,以便下一步焊接工作的进行。

(2)刨坡口　刨坡口首先要根据板厚选择 U 形槽的宽度,然后确定碳棒的直径和刨削电流。注意碳棒中心线应与坡口的中心线重合,如果这两条中心线不重合,被刨削的坡口形状就会不对称。

(3)清除焊根　在焊件需要双面焊接时,为了保证焊缝质量,通常在正面焊接完成后,应将焊缝的根部清除干净,再进行反面焊接。焊工应根据不同的材料、不同的板厚,选择合适的工艺参数。一般环焊缝应先焊内环缝,以避免用碳弧气刨清除内环缝焊根。若在进行外环缝清除焊根时,要使熔化金属向下被吹掉。对较厚板进行清除焊根时,需要多次刨削才能达到要求。

<h1 style="text-align:center">第五节　电　渣　焊</h1>

一、电渣焊的原理

电渣焊是在被焊工件的两端面保持一定的间隙,为了保持熔池的形状,需在间隙两侧使用中间通水冷却的成形铜滑块紧贴于工件,使被焊处构成一个方柱形的空腔,在空腔底部放上一层焊剂。焊接电源的一个极接在工件上,另一个极接在焊丝的导电嘴上,引弧后电弧首先对焊剂加热,使其熔化,形成具有一定导电性的液态熔渣熔池,然后电弧熄灭。焊丝通过导电嘴送入渣池中,焊丝和工件间的电流通过渣池产生很大的电阻热,使渣池达到 $1600℃～2000℃$ 的高温。高温的渣池把热量传给工件和焊丝,使工件边缘和送入的焊丝熔化,由于液态金属的密度较熔渣大,沉于渣池下部,形成熔池。随着焊丝与工件边缘不断熔化,使熔池及渣池不断上升,金属熔池达到一定深度后,下部逐渐冷却凝固成焊缝,在焊接过程中水冷铜滑块应随熔池及熔渣一起上升。电渣焊过程如图 5-36 所示。

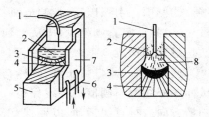

图 5-36　电渣焊过程

1. 电极(焊丝)　2. 渣池　3. 金属熔池
4. 焊缝　5. 焊件　6. 冷却水管　7. 冷
却滑块　8. 高温锥体(熔滴)

二、电渣焊的特点

①适于焊缝处于垂直位置的焊接。垂直位置电渣焊形成熔池及焊缝的条件最好,也可用于倾斜焊缝(与地平面的垂直线夹角≤30°)的焊接。

②焊件均可制成Ⅰ形坡口,只留一定尺寸的装配间隙便可一次焊接成形。特别适合于大厚度焊件的焊接,生产效率高、劳动卫生条件较好。

③焊接材料及电能消耗较少,如焊剂消耗量只有埋弧焊的 $1/20～1/15$,电能消耗只有埋弧焊的 $1/3～1/2$。

④金属熔池的凝固速率低,熔池中的气体和杂质较易浮出,焊缝不易产生气孔和夹渣。

⑤焊缝成形系数调节范围大,容易防止产生焊缝热裂纹。

⑥焊缝及近缝区冷却速度缓慢,对碳当量高的钢材,不易出现淬硬组织和冷裂纹倾向,故焊接低合金高强度钢及中碳钢时,通常可以不预热。

⑦液相冶金反应比较弱,由于渣池温度低,熔渣和更新率也很低,液相冶金反

应比较弱,所以焊缝化学成分主要通过填充焊丝或板极合金成分来控制。此外,渣池表面与空气接触,熔池中活性元素容易被氧化烧损。

⑧渣池的热量大,对短时间的电流波动不敏感,使用的电流密度大,为 $0.2\sim300A/mm^2$。

焊接线能量大,焊缝热影响区在高温停留时间长,易产生晶粒大和过热组织。焊缝金属呈铸态组织。焊接接头的冲击韧度低,一般焊后需要正火加回火处理,以改善接头的组织与性能。

三、电渣焊的应用范围

①电渣焊主要用于厚壁压力容器纵焊缝和环焊缝,如热电站的大型压力容器焊接。

②广泛应用于锅炉、重型机械、石油化工高压精炼设备和各种大型铸焊、锻焊、组合件焊接和厚板拼焊等大型结构件的制造。

③广泛应用于碳钢,低合金高强度钢、合金钢、珠光体型耐热钢,还可用于焊接铬镍不锈钢、铝及铝合金、钛及钛合金、铜和铸铁等。

④可焊工件厚度达 2m,焊缝长度 10m 以上。焊件厚度为 $30\sim450mm$ 的均匀断面(纵缝和环缝),多采用丝极电渣焊。焊件厚度 $>450mm$ 的均匀断面及变断面焊件可采用熔嘴电渣焊。典型电渣焊的特点及应用见表 5-13。

表 5-13　典型电渣焊的特点及应用

分类	示 意 图	特点及应用
手工 电渣焊	 $S=5mm$ $n=10\sim20mm$ $f=50mm$ $\Delta\geqslant20mm$	用于断面形状简单,直径 $<150mm$ 的焊件;焊件一般都直接固定在带有夹紧装置的铜垫上或沙箱中
丝极 电渣焊	 1. 导轨　2. 机头　3. 操纵盒　4. 成形滑块 5. 焊件　6. 导电嘴　7. 渣池　8. 熔池	使用的电极为焊丝,它是通过导电嘴送入熔池,熔深和熔宽比较均匀;更适于环缝焊接,对接及丁字接较少用,设备及操作较复杂

四、电渣焊设备

电渣焊机按电极形状不同分为 4 类,见表 5-14。

表 5-14　电渣焊机的类型

类型	结构特点	用途
丝极电渣焊机	机体的结构较复杂,包括送丝机构、机头垂直升降机构和焊丝往复摆动机构等;强迫成形装置为水冷滑块,随机头向上滑动,按焊接厚度不同,可用一根或多根焊丝	适用于直焊缝,板厚在500mm 以下工件焊件
板极电渣焊机	用金属板条作为电极兼填充金属,仅需垂直升降机构,随机头下降送进板极,由于板极截面大、熔化慢,升降机构可采用手动机构以简化设备;但板极不宜过长,要求焊接电源有较大功率,一般用固定成形板	适用于大断面、直线短焊缝(1m 以下)工件的焊接
熔嘴电渣焊机	用焊有焊管(有数根)的熔嘴作电极,熔嘴与焊线(在焊嘴内输送)一起作为填充金属,焊机仅需送丝机构,结构较为简单,熔嘴的截面形状制成与工件的断面相似,一般用固定成形板	适用于大断面、短焊缝和变断面工件的焊接
管状电渣焊机	与熔嘴电渣焊相似,不同处是用一根涂有药皮的管子代替熔嘴	适用于 20~60mm 板对接、角接和 T 形接头焊接

注:电渣焊机常制成多用式、变换某些部件即可适应不同的焊接要求。

　　HS-1000 型电渣焊机,又称万能电渣焊机,是一种导轨型焊机,它适用于丝极和板极电渣焊。HS-1000 型电渣焊机如图 5-37 所示。它主要是由自动焊机头、导轨、焊丝盘、控制箱等组成,并配有焊接不同焊缝形式的附加零件。焊接电源采用BP1-3×100 型焊接变压器。

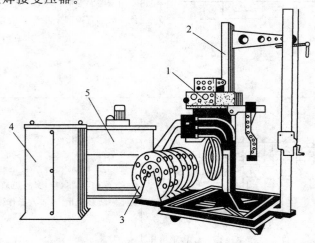

图 5-37　HS-1000 型电渣焊机

1. 自动焊机头　2. 导轨　3. 焊丝盘　4. 控制箱　5. BP1-3×1000 型焊接变压器

(1)电渣焊机头 包括送丝机构、摆动机构、提升机构、强制成形装置和操作盘等。

(2)导轨 它通常固定在专用架上,导轨上装有链条,与机头升降机构的链轮啮合,使机头可以沿导轨上下运动。

(3)焊丝盘 焊机备有 3 只单独的开启式焊丝盘,焊接时必须保证焊丝连续给送,使焊接过程正常进行。

(4)控制箱 除机头操纵盘上的操纵按钮外,其他的控制电器和开关设备等都装在单独的控制箱内。

(5)电控系统 电渣焊机的电控系统有控制送丝系统、摆动距离、摆动速度和停留时间,提升机械垂直运动等部分。

在电渣焊过程中熔池液面高度的检测是很重要的,将检测到的熔池液面高度信号经电动机放大机或晶闸管、晶体管放大电路的放大以后可以控制上升速度,保证获得优质的电渣焊焊接接头。电渣焊熔池液面高度自动检测方法如图 5-38 所示。

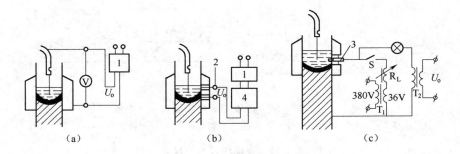

图 5-38 电渣焊熔池液面高度自动检测方法

(a)电压法 (b)热电势法 (c)探针法

1. 升降电动机拖动控制电路 2. 热电偶 3. 探针 4. 放大器

五、电渣焊焊接材料

(1)电极材料 电极的形状有丝极、板极及管极三种形状,分别适用于三种不同的电渣焊机使用。电极材料与埋弧焊所用焊丝材料相同。碳钢电渣焊焊丝材料多为 H08A、H08MnA;低合金钢焊丝多用 H10MnSi;耐热钢焊丝多用 H08CrMoA。

(2)焊剂 焊剂与焊丝配对使用,常用焊剂有 HJ252、HJ360 等。

实用中,焊丝和焊剂已在工艺文件中规定了,操作者不必自选用。

(3)管极涂料 管极外层应涂上相应的涂料。管极在出厂时已经按要求涂好了外层涂料,操作者需检查是否有脱落现象,以免影响焊接质量。

六、电渣焊操作要点

(1)接头形式及制备方法　电渣焊的接头形式如图 5-39 所示。电渣焊接头边缘的加工可以采用热切割法,热切割后去除切割面的氧化皮后即可焊接。但低合金钢和中合金钢焊件接缝边缘切割后,切割面应做磁粉探伤,如发现裂纹,要清除补焊后再焊接。接头的尺寸见表 5-15。

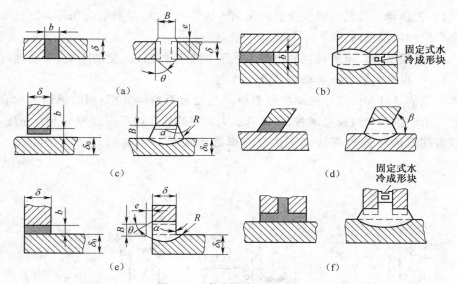

图 5-39　电渣焊的接头形式

（a）对接接头　（b）叠接接头　（c）T 字接头　（d）斜角接头　（e）角接接头　（f）双 T 字接头

表 5-15　电渣焊接头的尺寸

接头尺寸/mm								备注
δ	b	B	δ_0	e	θ	R	a	
50～60	24^{+2}_{0}	28±1	≥60					
61～120	26^{+2}_{0}	30±1	≥δ					适用于各
121～200	28^{+2}_{0}	32±1	≥120	2±0.5	约45°	5^{+1}_{0}	约15°	种形式的接
200～400	28^{+2}_{0}	32±1	≥150					头
＞400	30^{+2}_{0}	34±1	≥200					

注:β＞45°

(2)焊件清理　焊件装配之前,必须将接缝的熔合面及附近清理干净,不应有铁锈、油污和其他杂质存在。对于铸钢件,除了保证接缝清洁外,还应检查焊接处是否有铸造缺陷,如缩孔、疏松和夹渣等。若发现缺陷要铲除及焊补,然后才能进行装配。另外,接触两侧要保持较平整光滑,必要时可用砂轮磨光或进行机械加工,以使冷却铜块能贴紧工件和顺利滑行。

(3)焊件装配 为了计算电渣焊工件的尺寸,要先定出设计间隙。装配的实际间隙要比设计值略大,以弥补焊接时的收缩变形。多数情况下设计为不等间隙,即上大下小的楔形。工件待焊两边缘间的夹角 β 一般为 $1°\sim2°$。电渣焊直缝时,工件错边为 $2\sim3mm$,错边大时应采用组合式铜滑块,以防止渣池及熔池金属流失。电渣焊环缝时的错边应控制在 $1mm$ 以内。当工件的厚度差 $>10mm$ 时,应把厚板削薄成等厚度或薄板上焊一块板(与厚板等厚度),焊后再去掉。电渣焊工件装配如图 5-40 所示。

(4)定位焊 采用 ∩ 形定位板定位,定位与工件两端(上下)的距离 $200\sim300mm$,长焊缝时,中间装若干个 ∩ 形定位板,定位板之间的距离为 $800\sim1000mm$。对于 $400mm$ 以上厚的工件,定位板的厚度应为 $50mm$。定位板经修正后可继续使用。∩ 形定位板可用焊条电弧焊焊接在工件上。定位板材质为 Q235。

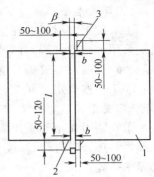

图 5-40 电渣焊工件装配
1. 焊件 2. 引出槽 3. 引出板

(5)焊缝成形装置的选择 电渣焊时,为了不使熔渣和液态金属流失,并强制熔池冷却而得到表面成形良好的焊缝,必须采用水冷却铜滑块或固定水冷却铜块等焊缝成形装置。

水冷却铜滑块。水冷却铜滑块即内部通有冷却水的铜块,如图 5-41 所示。多用导热性良好的紫铜板制作,正面做成与焊缝加强高形状相同的成形槽,反面焊有冷却水套,以通水冷却。水冷却铜滑块用于丝极电渣焊,焊接时,铜块贴紧焊缝向上滑动,使液态金属强制凝固成形。

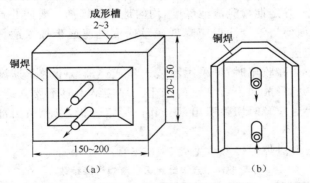

图 5-41 水冷却铜滑块
(a)对接焊缝用 (b)角焊缝用

焊缝成形装置形状要依据接头形式而定,一般在专业焊接时,都已经准备完毕,无需另行设计。

(6)电渣焊焊后热处理 常规电渣焊由于其热循环的特点,焊后使焊缝晶粒长大,焊接接头的力学性能有所降低,并存在一定的内应力,因此通常要进行焊后热处理。常用热处理方法有退火、正火加回火,由工艺文件规定。

七、直缝丝极电渣焊技能训练示例

(1)焊前准备

①工件毛坯材料的化学成分与力学性能应符合技术条件,并根据材料的要求确定采用的焊丝和焊剂牌号。

②装配前对接缝进行清理,焊接断面及接缝两侧 70mm 范围内应加工平整。

③工件按规定的间隙和反变形量在焊接平台或胎架上进行装配。为了控制工件变形,要正确选定∩定位板的位置和数量。

④安装引弧槽和引出板。引弧底板最好具有一定斜度,便于建立渣池。如工件需要预热,则按规定温度在焊前进行。计算焊丝用量,根据每盘内的焊丝量能一次焊完接缝。

⑤选定焊接参数,并检查与调整电源系统、焊机系统及水冷却系统,确定焊机与工件的相对位置,以保证焊接过程的正常进行。

(2)操作要点

①建立渣池。可利用固态导电焊剂 HJ170 或利用电弧来熔化焊剂。如果利用导电焊剂建立渣池,刚开始时只要使焊丝与焊剂接触形成导电回路,由于电阻热的作用使固态导电焊剂熔化建立渣池,然后就可加入正常焊接用的焊剂。如果利用电弧建立渣池,可先在引弧槽内放入少量铁屑并撒上一层焊剂,引弧后靠电弧热使焊剂熔化建立渣池。待渣池达到一定深度、电渣过程稳定后即可开动机头进行正常焊接。

②正常焊接。正常焊接阶段应保持焊接参数稳定在预定值。要保持焊丝在间隙中的正确位置,并定期检测渣池深度,均匀地添加焊剂。要防止产生漏渣偏水现象,当发生漏渣而使渣池变浅后应降低送丝速度迅速逐步加入适量焊剂以维持电渣焊过程的稳定进行。

③收尾阶段。在收尾时,可采用断续送丝或逐渐减小送丝速度和焊接电压的方法来防止缩孔的形成和火口裂纹的产生。焊接结束时不要立即把渣池放掉,以免产生裂纹。焊后应及时切除引出部分和∩形定位板,以免引出部分产生的裂纹扩展到焊缝上。

直焊缝丝极电渣焊焊接参数见表 5-16。

表 5-16　直焊缝丝极电渣焊焊接参数

焊件材料	焊件厚度 /mm	焊丝数目 /根	装配间隙 /mm	焊接电流 /A	电弧电压 /V	焊接速度 /(m/h)	送丝速度 /(m/h)	渣池深度 /mm
Q235 Q345(16Mn) 20	50	1	30	520～550	43～47	～1.5	270～290	60～65
	70	1	30	650～680	49～51	～1.5	360～380	60～70
	100	1	33	710～740	50～54	～1	400～420	60～70
	120	1	33	770～800	52～56	～1	440～460	60～70

第六节　扩　散　焊

　　扩散焊是在真空或保护气体中，并在一定温度和压力下，使两工件表面微观凸凹不平处产生塑性形变，达到紧密接触，或通过待结合面的微量液相而扩大待结合面的物理接触，经一段保温时间，原子相互扩散使焊接区的成分和组织均匀化，而形成牢固冶金结合的一种固态焊接方法。

一、扩散焊的原理

　　扩散焊是指在一定的温度和压力下，经过一定的时间，工件接触面原子间相互扩散而实现可靠连接的一种焊接方法。诸如固态连接、压力连接、热压连接和扩散连接均属固态扩散。

　　扩散焊接过程的三个阶段如图 5-42 所示。

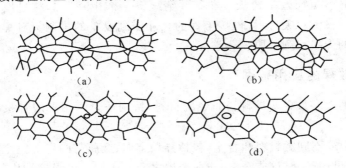

图 5-42　扩散焊接过程的三个阶段
(a)凹凸不平的初始接触　　(b)第一阶段：变形和交界面的形成
(c)第二阶段：晶界迁移和微孔消除　　(d)第三阶段：体积扩散和微孔消除

　　(1)变形和交界面的形成　　高温下微观不平的表面，在外加压力的作用下，通过屈服和蠕变机理使凹凸不平的接触处发生塑性变形，在持续压力的作用下，接触面积逐渐扩大，最终达到整个面的可靠接触。在这一阶段之末，界面之间还有空隙，但接触部分则基本上已是晶粒间的连接。

　　(2)晶界迁移和微孔消除　　接触界面原子间的相互扩散，形成牢固的结合层。这一阶段，由于晶界处原子持续扩散而使许多空隙消失。同时，界面处的晶界迁移离开了接头的原始界面，达到了平衡状态，但仍有许多小空隙遗留在晶体内。

　　(3)体积扩散和微孔消除　　在接触部分形成的结合层，逐渐向体积方向发展，形成可靠的连接接头，遗留下的空隙完全消失。

　　这三个过程是相互交叉进行的，最终在接头连接区域由于扩散、再结晶等过程而形成固态冶金结合。

扩散焊优质焊缝应满足的必要条件:必须使金属待连接表面达到紧密接触;必须对有碍连接的表面污染物加以破坏或分散,以便形成金属间结合;只有当金属结合界面原子间处于彼此的引力场中,才能获得高强度接头。

二、扩散焊的特点

扩散焊的优点是扩散焊接头的显微组织和性能与母材接近或相同,不存在各种熔化焊缺陷,接头质量高。扩散焊时,工件一般为整体加热,随炉冷却,且施加的压力较小,故工件精度高、变形小,可以实现机械加工后的精密装配连接。扩散焊一次可焊多个接头,可焊接大断面接头,以及电弧可达性不好或用熔焊方法不能实现的连接。扩散焊不受工件厚度限制,可以把很薄的和很厚的两个工件焊接在一起。焊接参数易于控制,在批量生产时接头质量稳定。与其他热加工、热处理工艺结合,可获得较大的经济效益。

缺点是对工件待焊表面的制备和装配要求较高。焊接热循环时间长(从几分钟到几十小时),生产效率较低。在某些情况下会产生一些晶粒过度长大等副作用。设备一次投资较大,而且焊接工件的尺寸受到设备的限制。对焊缝的焊合质量尚无可靠的无损检测手段。

三、扩散焊的应用范围

可焊接绝大多数金属材料和非金属材料,特别适合于用一般焊接方法难以焊接的金属材料。

可焊同类或不同类材料和合金,包括异种金属、金属与陶瓷等完全互不相容的材料,而且还可用于金属(或合金)与非金属之间的连接。可焊接结构复杂、封闭型以及大面积接触的焊缝,厚薄相差悬殊、要求精度很高的各种工件宜采用扩散焊焊接。

四、扩散焊设备

在进行扩散焊时,必须保证连接面及被连接金属不受空气的影响,必须在真空或惰性气体介质中进行。现在采用最多的方法是真空扩散焊。真空扩散焊可以采用高频、辐射、接触电阻、电子束及辉光放电等方法,对工件进行局部或整体加热。工业生产中普遍应用的扩散焊设备,主要采用感应和辐射加热的方法。

(1)真空扩散焊设备 真空扩散焊设备主要由带有真空系统的真空室、对工件的加热系统、加压系统、对温度和真空度的测定与控制系统组成。

图 5-43 所示为感应加热真空扩散机结构图。

注:扩散焊和电渣焊列为焊工职业技能"压力焊"的考核项目。

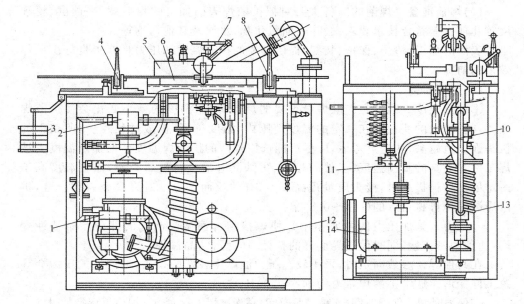

图 5-43 感应加热真空扩散焊机

1、2. 真空阀 3. 重锤 4. 金属丝的转动压轮 5. 真空室上盖 6. 真空室下盖
7. 可拆卸的感应圈 8. 固定不动的金属丝压轮 9. 光学高温计 10. 真空导管
11. 分水器 12. 电动机 13. 扩散泵 14. 真空泵

（2）超塑成形扩散焊设备 超塑成形扩散焊设备主要由压力机和专用加热炉组成。

（3）热等静压扩散焊设备 热等静压扩散焊设备比较复杂，被焊的工件密封在薄的包覆之中，并将其抽成真空，然后将包覆置于加热室中进行加热、加压。如待焊部位处于被焊工件本身构成的空腔时，可将空腔进行真空电子焊接密封并作为包覆，再进行扩散焊。

五、扩散焊操作要点

（1）确定接头形式 合材与母材表面之间扩散焊接头形式见图5-44。扩散表面可以是平面，也可以是回转面（圆柱面或圆锥面）。

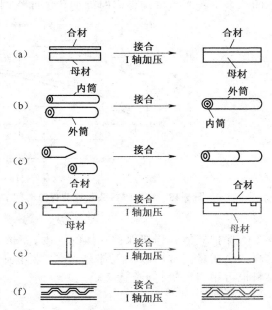

图 5-44 扩散焊的基本接头形式

(a)平板 (b)圆筒 (c)管 (d)中空材料
(e)T形 (f)蜂窝

(2)焊前准备　焊前的准备主要对拟扩散焊表面加工的粗糙度、平面度、轮廓度等几何误差符合技术要求;去除表面氧化物,水渍及其他污物等。

表面的加工、清理、保护、装配,提供必要的扩散温度和压力是获得良好扩散焊效果的前提。

(3)焊接参数

①加热温度。温度是扩散焊最重要的焊接参数,温度的微小变化会使扩散焊速度产生较大的变化。在一定的温度范围内,温度越高,扩散过程越快,所获得的接头强度也越高,从这点考虑,应尽可能选用较高的扩散焊温度。但加热温度受被焊工件和夹具的高温强度、工件的相变、再结晶等冶金特性所限制,而且温度高于一定值之后再提高时,接头质量提高不多,有的反而下降。对许多金属和合金,扩散焊温度为母材熔点的(0.6~0.8)倍。

②压力。施加压力的主要作用是使焊接结合面微观凸起的部分产生塑性变形,达到紧密接触,同时促进界面区的扩散,加速再结晶过程。

在其他焊接参数固定时,采用较高压力能产生较好的接头,但过大的压力会导致工件变形。通常扩散焊压力为 0.5~50MPa。

③保温时间。保温时间(又称扩散时间)是指被焊工件在焊接温度下保持的时间。

保温时间并非一个独立参数,它与温度、压力是密切相关的。温度较高或压力较大,则时间可以缩短。在一定温度和压力条件下,初始阶段接头强度随时间延长而增加,但当接头强度提到一定值后,便不再随时间而继续增加。图 5-45 所示为不同温度下接头强度随保温时间变化的曲线图。

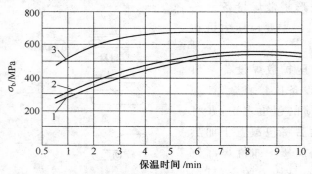

图 5-45　扩散焊接头强度与保温时间的关系(结构钢,压力 20MPa)
1. $T=800℃$　2. $T=900℃$　3. $T=1000℃$

④保护气体。焊接保护气体的纯度、流量、压力或真空度、漏气率均会影响扩散焊接头质量。常用保护气体是氩气,常用真空度为$(1~20)×10^{-3}Pa$。对有些材料也可用高纯氩、氢或氦气。

第七节　螺　柱　焊

螺柱焊是将金属螺柱或类似的紧固件(螺栓、螺钉等)焊到工件上的方法。实现螺柱焊的方法有电阻焊、摩擦焊、爆炸焊和电弧焊等,实际上螺柱焊也是一种压力熔焊方法。

螺柱焊是将螺柱或类似的紧固件焊固在工件上,便以此作为联接件使用。螺柱焊在船舶、锅炉、压力容器、车辆、航空、石油、建筑等工业领域应用广泛。

一、螺柱焊的特点

螺柱焊可分为电弧螺柱焊、电容放电螺柱焊和短周期螺柱焊三种。工业上应用最广的方法是电弧螺柱焊和电容放电螺柱焊。

各种螺柱焊方法的特点见表 5-17。

表 5-17 各种螺柱焊方法的特点

焊接方法	电弧螺柱焊	电容放电螺柱焊			短周期螺柱焊
		预接触式	预留间隙式	拉弧式	
焊接时间/ms	100~200	1~3	1~3	4~10	20~100
可焊螺柱直径/mm	3~25	3~10	3~10	3~10	3~10
可焊工件厚度/mm	3~30	0.3~3.0	0.3~3.0	0.3~3.0	0.4~3.0
熔池深度/mm	2.5~5	<0.2	<0.2	<0.2	<0.2
d/δ	3~4	≤8	≤8	≤8	≤8
生产率/(个/min)	2~15	2~15	2~15	2~15(手动) 40~60(自动)	2~15(手动) 40~60(自动)
螺柱端部形状	圆、方、异形等可加工成锥形的螺柱	圆法兰和凸台	圆法兰和凸台	圆法兰、平头钉	圆法兰、平头钉

以下仅介绍电弧螺柱焊工艺。

二、电弧螺柱焊的原理

电弧螺柱焊又称拉弧式螺柱焊,实质上是电弧焊的一种应用。焊接时螺柱端部与工件表面之间产生稳定的电弧过程,电弧作为热源在工件上形成熔池,螺柱端被加热形成熔化层,在弹簧压力等机械压力作用下,将螺柱端部浸入熔池,并将液态金属全部或部分挤出接头之外,从而形成连接。电弧螺柱焊的电弧放电是持续而稳定的电弧过程,焊接电流不经过调整,焊接过程中基本上是恒定的。

三、电弧螺柱焊的特点

螺柱焊是一种快速焊接紧固件的方法,焊接时间约为零点几秒到几秒、生产效率高。对焊接接头的质量可进行有效控制,能保证焊接接头的导热性、导电性、密

注:螺柱焊连同第三节之电阻焊一并列为焊工职业技能"压力焊"的考核项目。

封性和接头强度。在把紧固件(螺柱或螺母等)固定在工件上的方法中,电弧螺柱焊可代替焊条电弧焊、电阻焊和钎焊,也可以代替铆接、钻孔和攻螺纹。可进行平焊、立焊、仰焊等,还可将螺柱焊到平面和曲面上。可使紧固件之间的距离达到最小。

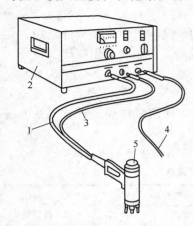

图 5-46　螺柱焊设备组成
1. 控制电缆　2. 电源及控制装置
3. 焊接电缆　4. 地线　5. 焊枪

四、电弧螺柱焊设备

电弧螺柱焊设备由焊接电源(螺柱焊机)、焊枪和控制装置等部分组成,螺柱焊设备组成如图5-46所示。

(1)焊接电源　采用直流电源,如弧焊直流器、弧焊逆变器和直流弧焊发电机,焊接电源必须满足空载电压在 70~100V;具有陡降外特性;能在短时间内输出大电流,且输出电流能迅速达到设定值。

螺柱焊电源可以是具有陡降外特性的焊条电弧焊电源,但必须配备一个控制箱,以进行电源的通断、引弧和燃弧时间的控制。由于螺柱焊焊接电流比焊条电弧焊的焊接电流大得多,对大直径螺柱的焊接,可以用两台以上普通弧焊电源并联使用。螺柱焊电源的负载持续率很低,相当于焊条电弧焊的 1/5~1/3,若有可能,宜选购专为电弧螺柱焊设计的电源,其专用焊机常把电源和控制器做成一体。

(2)焊枪　螺柱焊焊枪分为手提式和固定式两种,其工作原理相同。手提式螺柱焊枪又分大、小两种类型。小型焊枪较轻便,约 1.5kg,用于焊接直径为 12mm 以下螺柱;大型焊枪在 1.5~3.0kg,用于焊接直径为 12~30mm 的螺柱。固定式焊枪是为焊接某些特定产品而专门设计的焊枪,焊枪被固定在支架上,在工位上进行焊接。

①结构。焊枪上设有起动焊接用的开关,装有控制线和焊接电缆。电弧螺柱焊焊枪结构如图 5-47 所示。

②焊枪可调节参数。包括提离高度、螺柱外伸长度、螺柱与瓷圈夹头的同轴度。其中提离高度和螺柱外伸长度由磁力提升机构进行调节,提升量一般在 3.2mm 以下。而螺柱与瓷圈夹头的同心

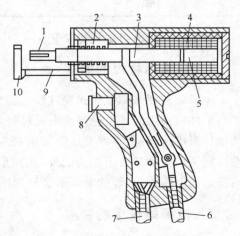

图 5-47　电弧螺柱焊焊枪结构
1. 夹头　2. 拉杆　3. 离合器　4. 电磁线圈
5. 铁心　6. 焊接电缆　7. 控制电缆　8. 扳机　9. 支杆　10. 脚盖

度可以通过支架进行螺柱夹头和瓷圈夹头间相对位置的粗调,再通过瓷圈夹头在焊枪上的轴向位置进行细调,同时也可调节螺柱外伸长度。利用弹簧压下机构可在焊接开始前保持螺柱伸出端与工件表面的接触预压,而在伸出端表面完全熔化后可将螺柱压入焊接熔池。为了减少在焊接过程中的飞溅,改善焊缝成形及保证焊缝质量,可在焊枪中安装阻尼机构,以便适当降低螺柱压入熔池的速度。

③控制系统。与焊条电弧焊不同,电弧螺柱焊没有空载过程,故短接预顶、提升引弧焊接、螺柱落下顶锻、电流通断与维持等几个动作,必须由控制系统在焊前设置,并由焊枪自动完成。电弧螺柱焊机的控制系统由驱动电路、反馈及给定电路、焊枪提升电路、时序控制电路,以及并联于焊接回路的引弧电路组成。

(3)常用电弧螺柱焊机　常用电弧螺柱焊机型号及技术参数见表5-18。

表5-18　电弧螺柱焊机型号及主要技术参数

型　　号	RSN-800	RSN-1000	RSN-2000
电源电压/V	380	380	340~420
相数/N	3	3	3
频率/Hz	50	50~60	50
输入容量/(kV·A)	70	10~60	170
空载电压/V	66	26~45	75
额定焊接电流/A	800	1000	2000
额定负载持续率(%)	60	60	60
焊接电流调节范围/A	50~800	400~1000	400~2000
焊接螺柱直径/mm	3~12	6~12	6~18
质量/kg	250	120	370
用途及说明	该机适用于锅炉、汽车、建筑、电力等行业进行螺柱焊。具有良好的动特性、控制精度高、抗电网波动能力强、焊缝成形好、接头无焊穿和焊塌等特点	适用于钢结构建筑中圆柱头焊钉的焊接、各种紧固件的焊接、火车导轨压板螺柱的焊接等。具有焊接速度快(0.2~1.25s)、高效、低耗、全断面焊接新工艺、焊接质量好等特点	适用于建筑及金属结构、船舶、锅炉、汽车、变压器等行业进行螺柱焊。具有快速、高效、质量可靠等特点。焊接时间为0.2~1.5s

五、电弧螺柱焊焊接材料

(1)螺柱　螺柱待焊底端多为圆形,也可制成方形或矩形。底端横断面为圆形的螺柱焊接端,一般加工成锥形;横断面为方形的紧固件焊接端,一般加工成楔形。螺柱长度一般应>20mm(夹持量+伸出长度+熔化量的长度),其中熔化量的长度为3~5mm,底端为矩形的宽度应≤5mm。

　　钢在螺柱焊时,为了脱氧和稳弧,常在螺柱端部中心处(约在焊接点 2.5mm 范围内)放一定量的焊剂。螺柱焊柱端焊剂固定方法如图 5-48 所示,其中图 5-48c 所示镶嵌固体焊剂法较为常用。对于直径＜6mm 的螺柱,一般不需要焊剂。

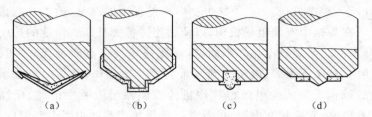

图 5-48　螺柱焊柱端焊剂固定方法

(a)包覆颗粒　　(b)涂层　　(c)镶嵌固体焊剂　　(d)套固体焊剂

　　常用电弧螺柱焊螺柱的设计已经标准化,国家标准 GB/T 10433—2002《电弧螺柱焊用圆柱头焊钉》也规定了设计标准,所用的材料多为螺纹钢 ML15 和 ML15Al。

　　有螺纹螺柱(PD)系列的形状和尺寸见表 5-19。

表 5-19　有螺纹螺柱(PD)系列的形状和尺寸　　　　　　　　　(mm)

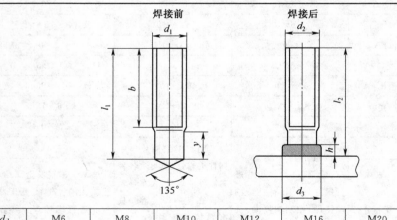

d_1	M6		M8		M10		M12		M16		M20		M24	
d_2	5.35		7.19		9.03		10.86		14.7		18.38		22.05	
d_3	8.5		10		12.5		15.5		19.5		24.5		30	
h	3.5		3.5		4		4.5		6		7		10	
l_2	y_{min}	b	y_{min}	b	y_{min}	b	y_{min}	b	y_{min}	b	y_{min}	b	y_{min}	b
15	9													
20	9		9		9.5									
25	9		9		9.5		11.5							
30	9		9		9.5		11.5		13.5					
35		20			9.5		11.5		13.5		15.5			

续表 5-19

l_2	y_{min}	b	y_{min}	b	y_{min}	b	y_{min}	b	y_{min}	b	y_{min}	b
40	20				9.5		11.5		13.5		15.5	
45							11.5		13.5		15.5	
50		40		40		40		40		40	30	
55								40		40		
60								40		40		
65								40		40		
70												40

抗剪锚栓(SD)系列形状和尺寸也已标准化,使用时可查有关资料。

(2)保护瓷环　瓷环又称套圈,为圆柱形,底面与母材的待焊端表面相匹配,并做成锯齿形,以便气体从焊接区排出。

①作用。保护瓷环的作用为:防止空气进入焊接区,降低熔化金属的氧化程度;焊接时使电弧热量集中于焊接区内;防止熔化金属的流失,以利于各种位置的焊接;遮挡弧光。

②瓷环类型。可分为消耗型和半永久型两种。消耗型瓷环在工业上应用很广泛,用陶瓷材料制成,易于打破后除去。陶瓷瓷环上设计有排气孔和焊缝成形穴,以便更好地控制焊脚形状和焊缝质量。由于焊后不用从螺柱体上取出瓷环,所以螺柱形状可不受限制,瓷环尺寸与形状可制成最佳状态。半永久型瓷环在工业上很少采用,仅用于特殊场合。如用于自动送进螺柱系统,此时对焊脚控制要求不高。半永久型瓷环一般能使用 500 次左右。

③国际标准规定的螺纹螺柱焊用瓷环(PF)的形状和尺寸见表 5-20。

表 5-20　螺纹螺柱焊用瓷环(PF)的形状和尺寸　　　(mm)

类型	d_4	$d_5\pm0.1$	$d_6\pm0.1$	h_2	h_3
PF6	5.6	9.5	11.5	6.5	3.3
PF8	7.4 $^{+0.5}_{\ 0}$	11.5	15	6.5	4.5
PF10	9.2 $^{+0.5}_{\ 0}$	15	17.8	6.5	4.5
PF12	11.1 $^{+0.5}_{\ 0}$	16.5	20	9	5.5
PF16	15 $^{+0.5}_{\ 0}$	20	26	11	7
PF20	18.6 $^{+0.5}_{\ 0}$	30.7	33.8	10	6
PF24	22.4 $^{+0.1}_{\ 0}$	30.7	38.5	18.5	14

　　无螺纹螺柱和抗剪锚栓焊用瓷环的形状和尺寸也已标准化,选用时可查相关资料。

六、电弧螺柱焊工艺

　　(1)焊前准备　螺柱端部和母材待焊处应具有清洁表面,无漆层、轧鳞和油、水污垢等。检查焊接电缆、导电夹头是否正常,导电回路是否牢固连接。将待焊螺柱装入螺柱焊枪夹头中,并将相配合的陶瓷保护瓷环装入夹头中。采用惰性气体保护时,按要求调整好气体流量。检查螺柱对中及调整好螺柱伸出陶瓷的长度和提离高度。调整好焊机电压输出,确认能够进行正常运行,焊前准备即可结束。

　　(2)操作要点　焊接时将螺柱插入夹头底部,并调整夹持松紧度。长工件焊接时为防止磁偏吹,应采用两根地线对称与工件相接,焊接过程中可随时调整地线位置。电弧螺柱焊操作顺序如图 5-49 所示。

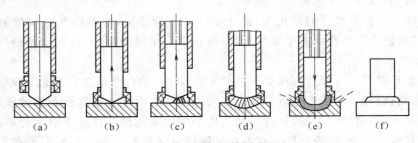

图 5-49　电弧螺柱焊操作顺序
(箭头表示螺柱运动方向)

　　①将螺柱接触面布置于工件待焊部位,如图 5-49a 所示。

　　②利用焊枪上的弹簧压下机构使螺柱与瓷环同时紧贴工件表面,如图 5-49b 所示。

　　③打开焊枪上的开关,接通焊接回路使枪体内的电磁线圈激磁,此时螺柱自动提离工件,即可在螺柱与工件之间引弧,如图 5-49c 所示。

　　④螺柱处于提离工件位置时,电弧引燃扩展到整个螺柱端面,在电弧热能作用下,使端面少量熔化,同时也使螺柱下方的工件表面熔化而形成熔池,如图 5-49d 所示。

　　⑤电弧燃烧到预定时间时熄灭,同时焊接回路断开,电磁线圈去磁,靠弹簧快速将螺柱熔化端压入熔池,如图 5-49e 所示。

　　⑥弹簧压到一定时间后,将焊枪从焊好的螺柱上抽出,打碎并除去保护瓷环,如图 5-49f 所示。

　　⑦电弧螺柱焊有弧偏吹现象,即电弧周围电磁场不均衡,引起弧柱轴线偏离了螺柱轴线,造成连接面加热不均,对焊接质量产生不利影响。电弧螺柱焊产生的焊弧偏吹,可通过改变接线卡或铁磁物质的位置,使电弧周围电磁场均衡,即可防止

弧偏吹。

(3)焊接参数的选择 焊接参数的选择主要是焊接电流和焊接时间的确定。当螺栓提离工件的距离确定后,则电弧电压基本上保持不变,因此输入的焊接能量由焊接电流和焊接时间来决定,使用不同的焊接时间与焊接电流的组合,均能得到相同的输入焊接能量。但对应每种尺寸的螺柱,要获得合格焊缝的焊接电流是有一定的范围的,而焊接时间的选择应与此范围相配合。焊接电流和焊接时间的选择是根据螺柱的材质、横断面尺寸大小来确定的。

第八节 焊接方法的选用

一、常用焊接方法的分类、特点和应用范围

常用焊接方法的分类、特点和应用范围见表 5-21。

表 5-21 常用焊接方法的特点和应用范围

类别	方 法		主 要 特 点	应 用 范 围
熔化焊	气焊		利用可燃气体与氧混合燃烧的火焰,加热工件。设备简单,移动方便。但加热区较宽,工件变形较大,生产效率较低	适用于焊接各种钢铁材料和非铁金属,特别是薄件焊接、管子的全位置焊接,以及堆焊、钎焊等
	电弧焊	焊条电弧焊	利用电弧产生的热量,加热并熔化工件和焊接材料	手工操作,设备简单,操作方便,适应性较强。但劳动强度大,生产率比气电焊和埋弧焊低
		埋弧焊		电弧在焊剂层下燃烧,焊丝的送进由专门机构完成,电弧沿焊接方向的移动靠手工操作或机械完成,分别称为半自动埋弧焊和自动埋弧焊	适用于碳钢、低合金钢、不锈钢和铜等材料中厚板直缝或规则曲线焊缝的焊接
		气体保护焊(简称气电焊)		用保护气体隔离空气,防止空气侵入焊接区。明弧,无渣或少渣,生产率较高,质量较好。有半自动焊和自动焊之分。保护气体常用 Ar、He、H_2、CO_2 及混合气体	惰性气体保护焊适用于焊接碳钢、合金钢及铝、铜、钛等金属。二氧化碳气体保护焊适用于焊接碳钢、一般用途的低合金钢及耐热耐磨材料的堆焊。容易实现全位置焊接
		电渣焊		利用电流通过熔渣产生的热来熔化金属。热影响区宽,晶粒易长大,焊后要热处理	适用于碳钢、低合金钢厚壁结构和容器的纵缝以及厚的大型钢件、铸件及锻件的拼焊

续表 5-21

类别	方　法	主要特点	应用范围
熔化焊	等离子弧焊	利用等离子弧加热工件,热量集中,热影响区小,熔深大。按特点不同可分为大电流等离子弧焊接、微束等离子弧焊接和脉冲等离子弧焊接	适用于碳钢、低合金钢、不锈钢及钛、铜镍等材料的焊接。微束等离子弧焊可以焊接金属箔及细丝
	电子束焊	利用高能量密度的电子束轰击工件,产生热能加热工件。焊缝深而窄,工件变形小,热影响区小。可分为真空、低真空、局部真空和非真空电子束焊	适用于焊接大部分金属,特别是活性金属与难熔金属,也可以焊接某些非金属
	热剂焊	利用铝热剂或镁热剂氧化时放出的热熔化工件。不需要电源,设备简单。但由于是铸造组织,质量较差,生产效率低	适用于钢轨、钢筋的对接焊
	激光焊	利用经聚焦后具有高能量密度的激光束熔化金属。焊接精度高,热影响区小,焊接变形小;按工作方式分为脉冲激光点焊和连续激光焊两种	除适用于焊接一般金属外,还能焊接钨、钼、钽、锆等难熔金属及异种金属,特别适用于焊接导线、微薄材料。在微电子学元件中已有广泛应用
压焊	电阻焊	利用电流通过工件产生的电阻热加热工件至塑性状态或局部熔化状态,而后施加压力,使工件连接在一起。按工作方式分为点焊、缝焊、对焊、凸焊、T形焊;机械化、自动化程度较高,生产效率高	适用于焊接钢、铝、铜等材料
	储能焊	利用电容储存的电能瞬间向工件放电所产生的热能,施加一定压力而形成焊接接头	一般适用于小型金属工件的点焊,大功率储能焊机适用于焊接铝件
	摩擦焊	利用工件间相互接触端面旋转摩擦产生的热能,施加一定的压力而形成焊接接头	适用于铝、铜、钢及异种金属材料的焊接
	高频焊	利用高频感应电流所产生的热能,施加一定压力而形成焊接接头	适用于各种钢管的焊接,也能焊接某些非铁金属及异种金属材料
	扩散焊	在真空或惰性气体保护下,利用一定温度和压力,使工件接触面进行原子互相扩散,从而使工件焊接在一起	适用于各种金属的焊接。某些焊接性相差较大的异种金属,也可采用此种焊接方法
	冷压焊	不需外加热源,利用压力使金属产生塑性变形,从而使工件焊接在一起	适用于塑性较好的金属,如铝、铜、钛、铅等材料的焊接

续表 5-21

类别	方　法	主要特点	应用范围
压焊	超声波焊	利用超声波使工件接触面之间产生相互高速摩擦,而产生热能,施加一定压力达到原子间结合,从而使工件焊接在一起	适用于焊接铝、铜、镍、金、银等同种或异种金属丝、金属箔及厚度相差悬殊的工件,也可以焊接塑料、云母等非金属材料
	爆炸焊	利用炸药爆炸时产生的高温和高压,使工件在瞬间形成焊接接头;分点焊、线焊、面焊、管材焊接等	适用于焊接铝、铜、钢、钛等同种或异种材料
	气压焊	利用火焰加热工件至半熔化状态,施加一定压力,从而使工件连接在一起	适用于钢筋、管子、钢轨的对接焊
钎焊	烙铁钎焊	利用电烙铁或火焰加热烙铁的热能,局部加热工件	适用于使用熔点低于 300℃ 的钎料。一般钎焊导线、线路板及一般薄件
	火焰钎焊	利用气体火焰加热工件。设备简单,通用性好	适用于钎焊钢、不锈钢、硬质合金、铸铁、铜、银、铝等及其合金
	碳弧钎焊	利用碳弧加热工件	适用于一般金属结构的钎焊
	电阻钎焊	利用电阻热加热工件,可用低电压电流直接通过工件,也可用碳电极间接加热工件;加热快,生产效率高	适用于钎焊铜及其合金、银及其合金、钢、硬质合金材料;常用于钎焊刀具、电器元件等
	高频感应钎焊	利用高频感应电流产生的热能,加热工件;加热快,生产效率高,变形小	适用于除铝、镁外的各种材料及异种材料的钎焊;特别是钎焊形状对称的管接头、法兰接头等
	炉中钎焊	常用电阻加热炉或火焰加热炉进行加热,可在空气或保护气氛条件下进行钎焊	适用于钎焊结构较复杂的工件
	浸钻钎焊	先固定工件,然后浸入熔融状态下的钎料槽内加热,进行钎焊	适用于钎焊结构较复杂并且多钎缝的工件
	真空钎焊	在真空钎焊炉中加热进行钎焊	适用于钎焊质量要求高及难钎焊的活性金属材料

二、选用焊接方法应考虑的因素

实际生产中选用焊接方法时,不但要了解各种焊接方法的特点及其应用范围,还要考虑产品的要求,根据所焊产品的材料、结构和生产工艺等作出选择。选择焊接方法应在保证焊接质量优良、可靠的前提下,有良好的经济效益,即生产率高、成

本低、劳动条件好、综合经济指标好。为此选择焊接方法应考虑下列因素:

(1)母材性能因素　被焊母材的物理、力学、冶金性能,将直接影响焊接方法的选用。对热传导快的金属,如铜、铝及其合金等,应选择热输入强度大、焊透能力强的焊接方法。对电阻率大的金属宜选用电阻焊。对热敏感材料则宜选用激光焊、超声波焊等热输入较少的焊接方法。对难熔材料,如钼、钽等,宜选用电子束等高能量密度焊接方法。对物理性能差异较大的异种材料的连接,宜选用不易形成中间脆性相的固态焊接和激光焊接。对塑性区间宽的材料,如低碳钢,宜选用电阻焊。对强度和伸长率足够大的材料,可选用爆炸焊。对活泼金属宜选用惰性气体保护焊、等离子弧焊、真空电子束焊等焊接方法。对普通碳钢、低合金钢可选用 CO_2 或混合气体保护焊及其他电弧焊方法。钛和锆因对气体溶解度大,焊后易变脆,对它们宜选用高真空电子束焊和真空扩散焊。对沉淀硬化不锈钢,用电子束焊可以获得力学性能优良的接头。对于冶金相容性差的异种材料宜选用扩散焊、钎焊、爆炸焊等非液态结合的焊接方法。不同金属材料适用的特种焊接方法见表5-22。

表 5-22　不同金属材料适用的特种焊接方法

材料	厚度/mm	激光焊	电子束焊	等离子弧焊	扩散焊	冷压焊	热压焊	摩擦焊	超声波焊	闪光焊	热剂焊	爆炸焊
碳钢	≤3	△	△				△		△	△	△	△
	3~6	△	△				△	△		△	△	△
	6~19	△	△				△	△		△	△	△
	≥19		△				△	△		△	△	
低合金钢	≤3	△	△	△	△		△		△	△	△	△
	3~6	△	△	△	△		△	△		△	△	△
	6~19	△	△	△	△		△	△		△	△	△
	≥19		△	△	△		△	△		△	△	
不锈钢	≤3	△	△	△	△		△	△		△		
	3~6	△	△	△	△		△	△		△		
	6~19	△	△	△	△		△	△		△		
	≥19		△	△	△		△	△		△		
铸铁	3~6										△	
	6~19				△						△	
	≥19				△						△	
镍及其合金	≤3	△	△	△			△	△		△		
	3~6	△	△	△			△	△		△		
	6~19	△	△	△			△	△		△		
	≥19		△	△			△	△				

续表 5-22

材料	厚度/mm	激光焊	电子束焊	等离子弧焊	扩散焊	冷压焊	热压焊	摩擦焊	超声波焊	闪光焊	热剂焊	爆炸焊
铝及其合金	≤3	△	△	△	△	△		△		△		
	3～6	△	△	△		△		△		△		
	6～19		△		△			△		△		
	≥19		△		△							
钛及其合金	≤3	△	△	△	△			△		△		
	3～6	△	△	△	△			△		△		
	6～19	△	△	△	△			△		△		
	≥19		△		△			△				
铜及其合金	≤3		△	△						△		
	3～6		△	△						△		
	6～19		△					△		△		
	≥19		△							△		

注:△表示被推荐。

(2)焊接产品结构类型因素

①结构件类。如桥梁、建筑、锅炉压力容器、造船、金属结构件等。结构件类焊缝一般较长,可选用自动埋弧焊、气体保护焊,其中短焊缝、打底焊缝宜选用焊条电弧焊、氩弧焊。

②机械零部件类。如各种类型的机器零部件。一般焊缝不会太长,可根据对焊接精度的不同要求,选用不同的焊接方法。一般精度和厚度的零件多用气体保护焊,重型件用电渣焊、气体保护焊,薄件用电阻焊,圆断面件可选用摩擦焊,精度高的工件可选用电子束焊。

③半成品类。如工字钢、螺旋钢管、有缝钢管等。半成品件的焊缝是规则的、大批量的,可选用易于机械化、自动化的埋弧焊、气体保护焊、高频焊等。

④微电子器件类。如电路板、半导体元器件等。微电子器件接头一般要求密封、导电、定位精确,常选用电子束焊、激光焊、超声波焊、扩散焊、钎焊等。

不同类型的产品有数种焊接方法可供选用,采用哪种方法更为适宜,除了根据产品类型之外,还应考虑工件厚度、接头型式、位置、产品质量要求、生产条件等因素。

(3)工件厚度因素　不同焊接方法的热源各异,因而各有最适宜的焊接厚度范围。在指定的范围内,容易保证焊缝质量,并获得较高的生产效率。常用焊接方法推荐的适用工件厚度如图 5-50 所示。

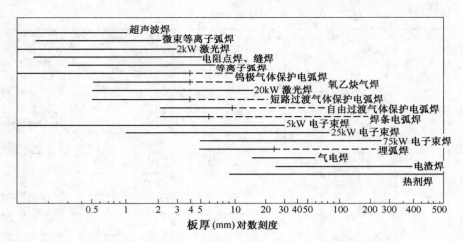

图 5-50　常用焊接方法推荐的适用工件厚度

（图中虚线表示采用多道焊）

三、特种焊接方法的适用范围

常用特种焊接方法的适用范围见表 5-23。

表 5-23　常用特种焊接方法的适用范围

焊接方法	材料		接头形式			板厚			工　件　种　类									
	钢铁	非铁金属	对接	T形接头	搭接	薄板	厚板	超厚板	建筑	机械	车辆	桥梁	船舶	压力容器	核反应堆	汽车	飞机	家用电器
激光焊	A	A	A	C	A	A	B	C	B	B	B	C	C	B	B	A	A	B
电子束焊	A	B	A	B	A	B	A	B	B	B	B	B	B	B	B	A	A	B
等离子弧焊	A	B	A	B	A	A	B	B	A	A	A	B	B	A	A	B	B	C
扩散焊	A	B	A	B	A	B	A	C	B	B	B	B	B	B	B	B	A	B
冷压焊	B	B	C	C	A	A	C	D	D	C	D	D	C	D	C	C	C	B
热压焊	A	B	A	B	C	A	C	C	C	C	C	C	C	C	D	C	C	D
摩擦焊	A	B	A	C	D	B	A	C	C	B	B	C	C	B	C	B	A	C
超声波焊	A	A	D	C	A	A	C	D	D	D	D	D	D	D	C	B	B	A
铝热剂焊	A	D	A	A	B	D	A	C	A	C	A	C	C	D	D	D	D	D
爆炸焊	A	A	A	A	A	A	A	A	A	B	B	A	B	B	B	C	C	C

注：A—最佳；B—佳；C—差；D—最差。